# Sumário

**Capítulo 01 –** *Dono de Toda Ciência*..............3

**Capítulo 02 –** *O Caráter Revelado*................14

**Capítulo 03 –** *A Origem*.................................19

**Capítulo 04 –** *Momento Adimensional*.........23

**Capítulo 05 –** *Criação e Redenção*...............27

**Capítulo 06 –** *Transferência Alinhada*........29

**Capítulo 07 –** *Luz como Projeto*...................34

**Capítulo 08 –** *A Lua do Cordeiro*................37

**Capítulo 09 –** *A Igreja e as Fases da Lua*.....41

**Capítulo 10 –** *Vinho Imaterial*.......................50

**Capítulo 11 –** *Criador Eterno*.........................55

**Capítulo 12 –** *Jesus Centro do Projeto*.........60

**Capítulo 13 –** *Coração Transplantado*.........74

**Capítulo 14 –** *Momento Atual*.......................83

**Capítulo 15 –** *Avestruz vs Águia*...................92

**Capítulo Final**.................................................97

**Sobre o Autor**..................................................99

**Referências**....................................................100

> "Este livro e um retrato da minha experiência vivendo na Fé e do que tenho aprendido com a Ciência." Solano Pereira Pinto

# CIÊNCIA E FÉ

## UMA NOVA VISÃO DO UNIVERSO

Solano Pereira Pinto

*Em homenagem a Antonio Vanderlan Pereira Pinto*



EDIÇÃO AGOSTO DE 2020

## *Capítulo 01 – Dono de Toda Ciência*

Com a maravilhosa Palavra de Deus, iniciamos agora uma jornada de descoberta e inspiração. Ao mergulharmos nas Escrituras, somos convidados a explorar os mistérios da fé e aprofundar nossa conexão com o Divino. Que esta jornada seja cheia de bênçãos e nos conduza cada vez mais perto do nosso Criador.

*"Tal ciência é para mim maravilhosíssima; tão alta que não a posso atingir."* (Salmos 139:6).

Este Salmo é uma reflexão profunda do Salmista sobre a natureza de Deus. Datado aproximadamente do período pós-exílio babilônico, ele contrasta a grandiosidade do Deus Altíssimo com a pequenez e finitude do ser humano. Ao ler essas palavras, somos transportados a um momento de profunda contemplação, onde a grandeza do Criador nos enche de admiração e humildade diante da sua magnitude. É uma mensagem poderosa que ressoa através dos séculos, inspirando a fé e a reverência por aquele que é o princípio e o fim de todas as coisas.

O Salmista nos leva a refletir sobre a incompreensível Ciência Eterna de Deus, que transcende a capacidade humana de entendimento. Somente aqueles que possuem uma parte imaterial, como o fôlego de vida concedido por Deus no momento da criação, são capazes de se comunicar com Deus de forma perfeita.

Essa comunicação ocorre de várias formas. Deus pode usar a criação para realizar essa conexão, como, por exemplo:

*"E disse Deus: Haja luminares na expansão dos céus, para haver separação entre o dia e a noite; e sejam eles para sinais e para tempos determinados e para dias e anos."* (Gênesis 1:14).

Os luminares do céu possuem uma beleza singular que fascina a humanidade desde tempos remotos. Através deles, podemos não só distinguir o dia da noite, mas também discernir os sinais de tempos determinados pelo Criador. O homem, em sua busca pelo conhecimento e compreensão do universo, sempre teve o olhar voltado para o céu, afinal, nosso coração anseia por estar próximo de Deus.

Este livro busca estabelecer conexões entre ciência e fé, mostrando que tudo o que foi criado por Deus na Terra possui reflexos de sua natureza divina, sem intenção alguma de materializar a fé. Com essa perspectiva em mente, adentremos nas profundezas dessa conexão entre ciência e fé, desvendando os mistérios que cercam a criação divina e buscando entender melhor a natureza do universo que nos cerca. Prepare-se para uma jornada fascinante rumo ao conhecimento e à compreensão mais profunda.

Você sabia que a luz do sol leva cerca de oito minutos para alcançar a Terra? Isso significa que, se algo acontecesse com o sol, não saberíamos imediatamente, pois a Terra está a uma distância de aproximadamente 149.600.000 km do nosso astro rei. É incrível pensar que a luz viaja a uma velocidade de 299.792.458 metros por segundo, mas mesmo assim precisa de um tempo para chegar até nós. É por isso que a distância é um fator tão importante quando se trata de observar eventos no universo. Imagine só, tudo o que vemos no céu noturno é, na verdade, uma imagem do passado, já que a luz demora certo tempo para chegar até nós. Fascinante, não é?

Muitas estrelas que vemos no Céu já morreram, chamamos elas de estrelas fantasmas. Ainda vemos a propagação de seu brilho estando a longas distâncias, mas a matéria sucumbiu restando apenas energia. Trazendo para o crente em Cristo, quando o homem anula a carne (matéria), a única coisa que opera sobre ele e a Luz do Espírito Santo.

Um dia, falarão sobre os crentes que foram arrebatados, mas, infelizmente, o Espírito Santo já não estará mais presente no mundo. Entretanto, não seremos lembrados como fantasmas, mas sim pelo momento apoteótico e memorável que passaremos.

Esse momento apoteótico ocorrerá quando os crentes em Cristo forem levados aos céus, deixando para trás todo o sofrimento e tribulações deste mundo. Seremos lembrados como aqueles que foram fiéis a Deus e que viveram uma vida de acordo com a Sua vontade, mesmo em meio às dificuldades e adversidades.

*"Já estou crucificado com Cristo; e vivo, não mais eu, mas Cristo vive em mim; e a vida que agora vivo na carne, vivo-a pela fé do Filho de Deus, o qual me amou, e se entregou a si mesmo por mim."* (Gálatas 2:20).

Quando o homem reconhece Cristo como Único Salvador, passa a entender que a Salvação em Cristo Jesus é o mais importante em sua vida. De forma alguma despreza as outras coisas, muito pelo contrário, pois, a Bíblia nos instruí a amar as outras coisas também. O foco principal torna-se a vida espiritual com Deus mediante a fé em Cristo Jesus.

O amor pelas outras coisas, como família, amigos, carreira, entre outros, continua presente, mas agora é permeado por um amor ainda maior por Deus e por Seu plano de Salvação. É através desse amor que o indivíduo passa a ver todas as coisas como dádivas de Deus e a tratá-las com gratidão e respeito.

A fé e a condição sine qua non para que o homem alcance o Reino dos Céus, ou seja, a fé em Cristo Jesus e indispensável para a vida eterna.

*"Sem fé é impossível agradar a Deus, pois quem dele se aproxima precisa crer que ele existe e que recompensa aqueles que o buscam."* (Hebreus 11:6).

Viver uma vida de fé significa experimentar diariamente novidades em Deus, sendo guiado em seu agir, andar e falar pela Palavra de Deus. Essa vida de fé desperta a essência genuína do homem, permitindo que ele se comunique com Deus de forma mais íntima e profunda.

Desde que a profissão de arquiteto surgiu, seus profissionais são responsáveis por projetar, realizar e assinar os projetos. Da mesma forma, o Senhor Deus, em sua magnífica essência, planejou todas as coisas de forma sublime, deixando sua assinatura da Trindade em todas as coisas criadas. Um exemplo disso pode ser observado na menor partícula conhecida, o átomo. Ele é composto por três elementos fundamentais: prótons, nêutrons e elétrons, que são responsáveis pela criação dos elementos da obra de Deus o mundo material. Assim como o arquiteto projeta e constrói um edifício com base em sua habilidade e conhecimento, Deus criou todas as coisas com perfeição e sabedoria, deixando sua marca em cada uma delas. O universo criado por Deus é uma obra-prima, perfeitamente planejada e executada, refletindo a grandeza e a sabedoria do Criador.

Na numerologia bíblica, o número três representa a Trindade divina: Deus Pai, Deus Filho e Deus Espírito Santo. É interessante observar que essa assinatura perfeita do Deus Trino pode ser encontrada até mesmo na menor partícula responsável por constituir todo o mundo material: o átomo. Deus está presente em todos os detalhes da criação, desde a menor partícula até a imensidão do cosmos. Sua sabedoria e grandeza são evidentes em todas as coisas que Ele criou, e a Trindade divina é um exemplo disso, pois mesmo sendo um só Deus, Ele se manifesta em três pessoas distintas.

Certa vez Albert Einstein disse "Deus não joga dados", tudo que ocorre no mundo está sob o domínio de Deus.

*"Porque dele e por ele, e para ele, são todas as coisas; glória, pois, a ele eternamente. Amém."* (Romanos 11:36).

Assim como uma criança que vive na barriga de sua mãe precisa de nutrientes como água, sangue e a placenta para sobreviver, nós também precisamos de certos nutrientes para sobreviver espiritualmente. Quando conhecemos o evangelho e aceitamos Jesus como nosso Senhor e Salvador, nascemos novamente e somos fortalecidos com nutrientes espirituais que nos ajudam a crescer e amadurecer na fé. Recebemos a Palavra de Deus, que é alimento para a nossa alma e nos ensina como viver uma vida de acordo com a vontade de Deus. Também recebemos a Água da Vida, que é Jesus, e que sacia a nossa sede espiritual e nos mantém próximos de Deus. Por fim, recebemos o Sangue de Jesus, que foi derramado na cruz como herança para nos libertar de todo pecado e nos dar a vida eterna. Assim como a placenta transfere nutrientes para a criança em desenvolvimento, esses nutrientes espirituais que recebemos nos ajudam a crescer e nos fortalecer na fé.

*"Achando-se as tuas palavras, logo as comi, e a tua palavra foi para mim o gozo e alegria do meu coração; porque pelo teu nome sou chamado, ó Senhor Deus dos Exércitos."* (Jeremias 15:16).

A água tem um significado profético em toda a Bíblia, apontando para a Fonte da Vida Eterna, que é Jesus Cristo. Ele é a única fonte capaz de saciar a sede da alma e nos dar a vida eterna.

*"Mas quem beber da água que eu lhe der nunca mais terá sede. Pelo contrário, a água que eu lhe der se tornará nele uma fonte de água a jorrar para a vida eterna."* (João 4:14).

O Sangue de Jesus é uma das verdades mais poderosas do evangelho. Ele simboliza o sacrifício perfeito que Jesus fez por nós na cruz do Calvário, derramando seu sangue para nos redimir e nos libertar de todo o pecado. É através do seu sangue que fomos feitos herdeiros de Deus Pai, reconciliados com Ele e recebemos a salvação e a vida eterna.

*"E, se nós somos filhos, somos logo herdeiros também, herdeiros de Deus, e coerdeiros de Cristo: se é certo que com ele padecemos, para que também com ele sejamos glorificados."* (Romanos 8:17).

Certa vez Isaac Newton estava em sua mesa a qual realizava suas refeições diárias, tomando seu café da manhã. Sobre a mesa havia um copo com água, seu copo funcionou como uma espécie de prisma (ferramenta utilizada na física para dividir a luz em feixes). Quando a Luz proveniente do Sol incidiu sobre o copo, Newton percebeu que a Luz se decompôs (espalhou). Verificou-se que eram as mesmas cores do arco da aliança (arco-íris).

Na época do dilúvio, Deus fez um pacto com Noé e com toda a humanidade representado pelo arco-íris. Esse arco-íris simboliza a promessa de Deus de nunca mais destruir o mundo com água novamente. Portanto, sempre que vemos um arco-íris, lembramo-nos da fidelidade de Deus em manter suas promessas.

*"Toda vez que o arco-íris estiver nas nuvens, olharei para ele e me lembrarei da aliança eterna entre Deus e todos os seres vivos de todas as espécies que vivem na terra."* (Gênesis 9:16)

Se a Luz proveniente do Sol que denominamos luz branca ao incidir com prisma, se decompõe nas cores do arco, como provar que todas as cores se originam da decomposição do branco? Newton projeta um disco chamado disco de Newton, neste disco cria sete partições divididas igualmente, os preenche com as cores mostradas pelo prisma. Após colocar o disco para rotacionar em alta velocidade, Newton percebeu que a mistura de todas as cores do arco resultava em branco, e que a decomposição da luz branca resultava nas outras cores do arco-íris.

As cores do arco de Deus estão ligadas profeticamente ao sacrifício de Jesus na cruz do calvário, aquilo que estava sendo mostrado a Noé já apontava para Jesus. O branco simboliza santificação e salvação, aquele que alcança o Projeto Redentor de Deus, começa a viver o Tempo de Deus. Alcançando assim vestes de Salvação através da *Káris (graça)* do Grego significando favor imerecido, um recurso imerecido que foi concedido a nós pelo sacrifício de Jesus na cruz do calvário.

*"Porque pela graça sois salvos, por meio da fé; e isto não vem de vós, é dom de Deus."* (Efésios 2:8).

Estudos apontam que a velocidade da luz e de aproximadamente 299.792.458 m/s, num piscar de olhos a Luz percorreria a Terra sete vezes.

*"Num momento, num abrir e fechar de olhos, ante a última trombeta; porque a trombeta soará, e os mortos ressuscitarão incorruptíveis, e nós seremos transformados."* (1 Coríntios 15:52).

O número sete é frequentemente utilizado na Bíblia como símbolo de perfeição e completude. Ele representa o Projeto de Deus para a vida do homem, como vemos em diversos exemplos bíblicos. Por exemplo, em seis dias Deus criou todas as coisas e no sétimo dia Ele descansou, representando a perfeição e completude da obra da criação. O livro de Apocalipse também utiliza o número sete para simbolizar projetos com início e fim, como as sete cartas, sete castiçais e sete igrejas.

É importante ressaltar que o conceito de tempo para Deus é diferente do nosso, pois um dia para Ele é como mil anos e mil anos como um dia, como está escrito na Bíblia. Isso mostra que o Projeto de Deus é eterno e não se limita ao tempo humano, mas está sempre presente em todas as épocas e gerações.

*"Mas, amados, não ignoreis uma coisa, que um dia para o Senhor é como mil anos, e mil anos como um dia."* (2 Pedro 3:8).

O Criador não é regido pelo tempo medido em relógios cronológicos como nós, não precisa de ciclos solares e é independente do espaço-tempo, pois habita a eternidade. Portanto, o tempo Dele é eterno. O tempo do homem mortal começa em Gênesis e termina em Apocalipse com o arrebatamento da igreja fiel. Aqueles que forem arrebatados viverão um tempo eterno ao lado de Deus, enquanto aqueles que permanecerem perderão a noção do tempo, pois viverão eternamente sem Deus.

O número sete representa o projeto de Deus, num abrir e fechar de olhos a Luz do mundo o Lírio dos vales estará nos quatro cantos da terra para arrebatar uma igreja fiel. A palavra momento deste versículo no original em *Grego* e escrita como *"átomos"*. Por muito tempo desde os primórdios da ciência tomasse o átomo como partícula indivisível, a ciência vem tentando descobrir o início da humanidade a partir do átomo, falaremos sobre isso no capítulo *A Origem*. O que importa e que aquilo que era indivisível ou divisível, se transformará e jamais se separará de Deus.

*"E, quando isto que é corruptível se revestir da incorruptibilidade, e isto que é mortal se revestir da imortalidade, então cumprir-se-á a palavra que está escrita: Tragada foi a morte na vitória."* (1 Coríntios 15:54).

Giordano Bruno, um filósofo e teólogo italiano, afirmou que o universo era incomensurável, já que Deus é onipotente, onisciente e onipresente. Por sua afirmação, ele foi condenado à fogueira. Já Galileu Galilei, ao apontar sua luneta para a Lua, observou que ela possuía montanhas e vales, o que contradizia a crença religiosa da época de que tudo acima da Terra era imaculado e tudo na Terra era imperfeito. Galileu foi usado para mostrar que o projeto de Deus é perfeito de eternidade a eternidade, e que tanto na Terra como nos céus, todas as coisas foram criadas perfeitamente pelas mãos do Criador Altíssimo, Deus Todo-Poderoso.

Quando o homem se alinha com o tempo de Deus, ele pode realizar coisas que parecem inacreditáveis. Por exemplo, Felipe, um dos discípulos de Jesus, foi transportado miraculosamente a diferentes cidades e até mesmo arrebatado em vida. Isso demonstra como é possível ultrapassar as limitações humanas quando estamos em sintonia com a vontade de Deus.

*"Quando saíram da água, o Espírito do Senhor arrebatou Filipe repentinamente. O eunuco não o viu mais e, cheio de alegria, seguiu o seu caminho. Filipe, porém, apareceu em Azoto e, indo para Cesareia, pregava o evangelho em todas as cidades pelas quais passava."* (Atos 8:39 e 40).

Humanamente falando, o teletransporte de matéria é considerado impossível, sendo possível apenas o teletransporte de informação. No entanto, a Bíblia nos relata que com fé do tamanho de um grão de mostarda, podemos fazer coisas inacreditáveis.

*"E Jesus lhes disse: Por causa de vossa incredulidade; porque em verdade vos digo que, se tiverdes fé como um grão de mostarda, direis a este monte: Passa daqui para acolá, e há de passar; e nada vos será impossível."* (Mateus 17:20).

Chegamos ao final do primeiro capítulo, contemplando a essência de um Deus eterno e maravilhoso, que governa e rege todo o universo.

Concluindo este capítulo inspirador, somos lembrados da grandiosidade de Deus e de Sua soberania sobre todas as coisas, incluindo a ciência. À medida que exploramos as Escrituras, somos convidados a uma jornada de descoberta e admiração pela incompreensível sabedoria divina.

Ao mergulharmos nessa conexão entre ciência e fé, descobrimos que tudo o que foi criado por Deus reflete Sua natureza divina. Desde os luminares do céu até o menor átomo, vemos a assinatura perfeita do Deus Trino em todas as coisas. A ciência nos revela maravilhas como a velocidade da luz e os mistérios do universo, mas mesmo assim, ela não pode alcançar a magnitude do conhecimento e da sabedoria de Deus.

A fé em Jesus Cristo é o caminho para uma conexão profunda com o divino. É através dessa fé que encontramos nutrição espiritual, representada pela Palavra de Deus, pela Água da Vida que é Jesus e pelo Sangue de Cristo que nos redime. Esses nutrientes espirituais fortalecem nossa caminhada de fé e nos permitem crescer e amadurecer.

O arco-íris, símbolo da aliança de Deus com a humanidade, também nos lembra da fidelidade do Criador em cumprir Suas promessas. Assim como a luz branca se decompõe nas cores do arco-íris e, ao serem reunidas, resultam novamente no branco, todas as cores estão ligadas ao sacrifício de Jesus na cruz. O branco representa santificação e salvação, concedidos pela graça de Deus através do sacrifício de Seu Filho.

Que essa jornada de descoberta científica e espiritual nos conduza cada vez mais perto de nosso Criador. Que possamos viver uma vida de fé, experimentando diariamente as maravilhas e alegrias encontradas na comunhão com Deus. Que toda glória seja dada a Deus, o princípio e o fim de todas as coisas, agora e para sempre. Amém.

## *Capítulo 02 – O Caráter Revelado*

*"No princípio era o Verbo, e o Verbo estava com Deus, e o Verbo era Deus."* (João 1:1).

No original em *Grego*, a palavra *"Verbo"* é *"Logos"*, e no livro do apóstolo João, o Verbo representa a figura do Senhor Jesus Cristo. João queria expressar neste versículo que antes mesmo da criação, o Filho de Deus já estava com o Pai, e tudo foi criado por meio da Palavra, em uma harmonia perfeita.

O livro de Gênesis relata que a cada dia Deus Pai dizia haja, e sempre que o haja era dito todas as coisas iam se havendo, tudo ocorria mediante a Palavra de Deus. Toda vez que Deus Pai terminava um dia da criação a palavra nos relata que *"foi a tarde e a manhã"* daquele determinado dia, não seria mais óbvio falar foi a manhã e a tarde daquele dia. Deus anda no caminho contrário a razão humana, tarde e manhã porque o Senhor Jesus Cristo morreu pela tarde, mas ressuscitou pela manhã. O livro de Gênesis já profetizava a morte e ressurreição de Cristo. Temos assim certeza de que há uma Palavra verdadeira que nos guia. Uma premissa da física quântica é que a "observação é ilusória", ou seja, a forma como o homem enxerga as coisas muitas vezes é guiada pelo coração, enquanto a fé é guiada pelo Senhor Deus.

*"Pois caminhamos pela fé, e não pela visão"* (2 Coríntios 5:7).

Louis de Broglie descobriu que todo corpo tem um caráter ondulatório, o que ficou conhecido como princípio da dualidade onda-partícula. Isso significa que tanto a luz como a matéria podem se comportar como ondas e partículas ao mesmo tempo. Além disso, quando um objeto atinge altas velocidades, ele passa a ter um comportamento predominantemente ondulatório, deixando de lado seu aspecto corpuscular. Essas descobertas revolucionaram a física moderna e desafiaram nossa compreensão da natureza da realidade física.

*"Depois nós, os que ficarmos vivos, seremos arrebatados com eles nas nuvens, a encontrar o Senhor nos ares, e assim estaremos sempre com o Senhor." (1 Tessalonicenses 4:17).*

A expressão "*seremos arrebatados*" é uma tradução da palavra grega "*harpazo*", que significa "*seremos arrancados com força*". Esse evento será tão rápido que os corpos serão transformados completamente, não subsistindo qualquer caráter ondulatório ou corpuscular da matéria.

*"Ergam os olhos e olhem para as alturas. Quem criou tudo isso? Aquele que põe em marcha cada estrela do seu exército celestial, e a todas chama pelo nome. Tão grande é o seu poder e tão imensa a sua força, que nenhuma delas deixa de comparecer!"* (Isaías 40:26).

Todos estes corpos compostos por séries de átomos interligados entre si, o universo é a somatória final de todas as menores partículas que existem, ou seja, a soma de todas as estruturas criadas por Deus. O Senhor Deus governa todo Universo, nomeou todas as coisas com seu Poder é Supremo e Força Inigualável.

Podemos compreender os mistérios do Senhor quando lemos a Palavra em comunhão, pois assim ouvimos a voz do Senhor falando aos nossos corações. Deus é Todo-Poderoso e tem domínio sobre todas as coisas, e Suas palavras possuem um poder inigualável sobre o universo.

*"O que envia o seu mandamento à terra; a sua palavra corre velozmente."*

A Palavra do Senhor é universal, aquilo que é revelado aos servos de Deus no Brasil, é revelado aos servos em todo o mundo. Pois o Senhor Deus está presente em todos os lugares e revela seus mistérios a quem o busca sinceramente.

"O que dá a neve como lã; esparge a geada como cinza;"

"O que lança o seu gelo em pedaços; quem pode resistir ao seu frio?"

*"Manda a sua palavra, e os faz derreter; faz soprar o vento, e correm as águas."* (Salmos 147:15-18).

A Palavra de Deus é a base de toda criação, e Sua voz é incomparável. Durante Seu ministério na Terra, o Senhor Jesus falava e ninguém conseguia resistir à Sua voz.

*"E, depois disto, saiu, e viu um publicano, chamado Levi, assentado na recebedoria, e disse-lhe: Segue-me."*

A voz do Senhor Jesus era tão poderosa que não havia quem não fosse tocado por ela. Quem ouvia sua voz era atraído a segui-lo, pois sentia a presença de Deus em suas palavras.

A dimensão material é regida por quatro dimensões: largura, altura, profundidade e tempo. Mas quando o homem ouve a voz de Deus, ele começa a viver em outra dimensão. Nessa dimensão, o homem lê a Bíblia, alcançando mistérios que somente Deus pode revelar.

Ao ler todos os livros da Bíblia, encontramos Jesus, pois Ele é a Palavra, o Logos de Deus, e o projeto de salvação para a vida do homem. Deus Pai é o autor, Jesus é o assunto central e o Espírito Santo é quem revela a verdade espiritual contida na Bíblia.

A Palavra de Deus apresenta Jesus como o Projeto de Salvação para a humanidade. No livro de Gênesis, Ele é simbolizado pelo Cordeiro que foi sacrificado para cobrir a nudez do homem. No livro de Êxodo, Ele é representado pela nuvem que cobria o povo no calor do dia e pela coluna de fogo que os aquecia à noite. Ele é o maná, o pão vivo que desceu do céu para alimentar o povo no deserto. A palavra *"maná"* em hebraico significa *"o que é isto?"*, e simboliza o evangelho, a novidade de vida que recebemos todos os dias em Jesus. Ele foi como o lenho arrancado e jogado nas águas amargas para que o povo pudesse ter a doçura da Salvação. Um texto da Palavra de

Deus diz: "*A alma farta pisa o favo de mel, mas para a alma faminta todo amargo é doce*" (Provérbios 27:7).

Ele foi o favo de mel pisado, o livro do profeta Isaías diz que Ele foi um homem de dores "*... pelas suas pisaduras fomos sarados*" (Isaías 53:5).

Quando o favo de mel é pisado o mel sai de dentro do favo, se espalha sobre a face da Terra. Através do sacrifício de Jesus a Salvação *(mel)* que era para um só povo, foi concedida a todos.

No livro de Neemias, Ele é o restaurador. No livro de Ezequiel, Ele é o homem do tinteiro, que marca aqueles que escaparão do juízo dos detratores. No livro de Rute, Ele é o Redentor. No livro de João, Ele é o Verbo de Deus. No livro de Apocalipse, Ele é o Noivo que virá buscar a igreja fiel.

De fato, a Bíblia é uma fonte inesgotável de conhecimento e sabedoria divina, e a sua centralidade em Jesus Cristo torna cada página, cada verso e cada palavra um tesouro precioso para a vida do homem. É maravilhoso ver como todos os livros da Bíblia se conectam e apontam para o Filho de Deus, e como a revelação de Jesus através da Palavra é capaz de transformar a nossa vida de maneiras profundas e significativas.

Concluímos que ao contemplarmos o poderoso logos de Deus, expresso na Palavra que se tornou carne em Jesus Cristo, somos levados a um maravilhoso enlevo espiritual. Desde o princípio, o Verbo estava com Deus e era Deus, e essa verdade transcendental nos envolve em uma gloriosa revelação.

A Palavra divina é a essência que sustenta toda a criação, harmonizando cada aspecto com perfeição. Do livro de Gênesis à profecia de Isaías, testemunhamos a presença do logos divino tecendo mistérios e manifestando Seu poder sobre o universo. Em cada átomo, em cada estrela, vemos a assinatura do Criador, que comanda todas as coisas e as chama pelo nome.

Nas páginas sagradas da Bíblia, encontramos o Logos

encarnado, Jesus Cristo, revelado como o Cordeiro sacrificado, o pão vivo do céu, o lenho amargo que nos concede doçura. Ele é o restaurador, o Redentor, o Noivo fiel que virá buscar Sua igreja. Sua voz é irresistível e Sua presença transcende as dimensões terrenas, permitindo-nos viver em uma realidade espiritual.

Enquanto contemplamos o poderoso logos de Deus, somos convidados a caminhar pela fé e não pela visão, a mergulhar nos mistérios revelados pela Palavra divina. Assim, experimentamos uma transformação profunda e significativa em nossas vidas, encontrando salvação, cura e restauração.

Que cada página da Bíblia seja para nós um tesouro precioso, uma fonte inesgotável de conhecimento e sabedoria divina. Que o logos de Deus, expresso na Palavra viva, nos emocione e nos inspire a buscar uma comunhão mais profunda com o Senhor. Pois é na Palavra revelada que encontramos a verdade que transcende o entendimento humano, e é por meio dela que somos conduzidos à eternidade em comunhão com o nosso amado Deus.

## *Capítulo 03 – A Origem*

Nos capítulos anteriores, pudemos contemplar como a obra criadora de Deus aponta para a obra redentora de Deus. Todas as coisas foram criadas para serem eternas, mas, devido ao pecado da desobediência, tornaram-se mortais

No mundo atual, apesar da abundância de pessoas intelectuais, ainda não foi possível responder a três perguntas fundamentais que têm desafiado a humanidade há séculos: de onde viemos, onde estamos e para onde vamos. O homem tem buscado respostas em diversas fontes, tais como a filosofia, a religião, a ciência e a arte, mas, até o momento, nenhuma delas parece ser capaz de satisfazer completamente a curiosidade humana sobre a sua origem, propósito e destino.

O fascínio humano pela origem do universo levou a avanços significativos na ciência e na tecnologia. O LHC, um colisor de partículas localizado na Suíça, é um dos exemplos mais impressionantes desses avanços. Ao colidir partículas em altíssimas velocidades, os cientistas esperam desvendar os segredos dos instantes iniciais do universo e entender a sua origem.

Ao longo do século XX, grandes teorias científicas como a Teoria da Relatividade Geral de Albert Einstein e a Mecânica Quântica revolucionaram a nossa compreensão do universo. A partir dessas teorias, surgiram novas ideias, como a teoria das cordas, que buscam aprimorar ainda mais a física moderna.

A descoberta dos filamentos de quarks, partículas elementares que compõem prótons e nêutrons, também foi um avanço significativo na nossa compreensão do universo. Embora ainda não tenhamos respostas definitivas sobre a origem do universo, a ciência continua avançando em busca de novas descobertas e respostas para as grandes questões da humanidade.

A teoria das cordas é fascinante, pois nos revela que tudo no universo é composto por pequenos filamentos vibrantes de energia, os quais originam as diversas partículas existentes. No entanto, a Bíblia já nos mostrava há muito tempo quão poderosa é a voz do Senhor, como podemos ver no relato do livro de Gênesis. Quando Deus fala, coisas extraordinárias acontecem, pois Ele é o Criador de todas as coisas. Enquanto a ciência busca respostas para as perguntas fundamentais da vida, aqueles que ouvem a voz de Deus têm a certeza de saber de onde vieram, onde estão e para onde vão.

Há quatro forças que regem todo universo material, as forças fundamentais da natureza. A Força Gravitacional, por exemplo, é responsável pela atração entre corpos em razão de suas massas, sendo ela que mantém planetas em órbita ao redor do sol e mantém a nossa própria existência sobre a superfície terrestre. Já a Força Eletromagnética é responsável pela atração ou repulsão entre corpos em razão de suas cargas elétricas, e é graças a ela que podemos utilizar aparelhos eletrônicos em nosso dia a dia. A Força Nuclear Fraca é crucial no decaimento beta de substâncias radioativas, sendo responsável pela emissão de elétrons e neutrinos. E, por fim, a Força Nuclear Forte é a força que mantém a coesão nuclear, sendo a união entre Quarks que possibilita a formação dos prótons e nêutrons que compõem os átomos.

*"À frente do trono, havia como que um mar vítreo, semelhante ao cristal. No meio do trono e ao seu redor estavam quatro Seres vivos, cheios de olhos pela frente e por trás. O primeiro ser vivo é semelhante a um leão; o segundo Ser vivo, a um touro; o terceiro tem a face como de homem; o quarto ser vivo é semelhante a uma água em voo. Os quatro Seres vivos têm cada um seis asas e são*

*cheios de olhos ao redor e por dentro. E, dia e noite sem parar, proclamam: Santo, Santo, Santo, Senhor Deus Todo-poderoso, Aquele-que-era, Aquele-que-é e Aquele-que-vem", (Apocalipse 4:6 e 8).*

Interessante observar que pode haver uma relação entre os quatro seres mencionados no livro de Apocalipse e as quatro forças fundamentais da natureza que regem todo o universo material. Isso pode ser interpretado como uma possível conexão entre os pilares que sustentam o universo e a ação dessas forças. É fascinante pensar em como o conhecimento científico pode estar interligado com as interpretações que buscam entender a existência e a origem de tudo que há.

Nosso capítulo nos levou a mergulhar nas profundas questões sobre a origem do homem, desafiando nossa curiosidade e buscando respostas nas mais diversas fontes. A ciência avança, revelando teorias e descobertas que nos aproximam cada vez mais do entendimento do universo. No entanto, mesmo diante desses avanços, ainda encontramos lacunas que clamam por preenchimento.

Enquanto a ciência desvenda os segredos dos filamentos de quarks e as forças fundamentais da natureza, somos lembrados de uma verdade eterna. No relato bíblico do livro de Gênesis, somos confrontados com o poder da voz de Deus, que cria e transforma todas as coisas. Enquanto a ciência busca compreender a origem do universo, aqueles que ouvem a voz divina encontram a resposta definitiva para suas perguntas.

As forças que regem o universo material são surpreendentes em sua complexidade e precisão. A força gravitacional que nos mantém ancorados à Terra, a força eletromagnética que nos permite utilizar a tecnologia, a força nuclear fraca e a força nuclear forte que sustentam a coesão atômica. Essas forças revelam a maravilhosa ordem e harmonia presentes na criação.

É intrigante notar a possível conexão entre essas forças e os quatro seres vivos mencionados no livro do Apocalipse. Essa relação sugere uma harmonia cósmica, uma interligação entre os pilares que sustentam o universo físico e a adoração incessante proclamada pelos seres celestiais. Essa interconexão nos convida a contemplar a grandiosidade do Criador e a reconhecer Sua soberania sobre todas as coisas.

Enquanto a busca pela origem e propósito do homem continua, podemos encontrar conforto e esperança na certeza de que a resposta definitiva está diante de nós. Em meio às incertezas e questionamentos, a fé nos conduz a um encontro pessoal com o Criador, aquele que é Santo, Santo, Santo. Nessa adoração, encontramos não apenas respostas, mas também paz e plenitude.

Que essa jornada em busca de respostas nos desperte para a maravilha da criação, para a grandeza daquele que nos formou. Que a nossa busca pela compreensão do mundo ao nosso redor seja impregnada de humildade diante da vastidão do conhecimento divino. E que, ao encontrarmos as respostas que buscamos, possamos nos render em adoração e louvor, emocionados pela glória daquele que é o princípio e o fim, o Alfa e o Ômega.

Enquanto prosseguimos na busca pelo conhecimento e na exploração do desconhecido, que nunca percamos de vista a verdade fundamental de que nossa origem e destino estão enraizados em Deus. Que essa compreensão gloriosa emocione nossos corações e nos inspire a vivermos com propósito, humildade e gratidão, reconhecendo que, em Sua sabedoria, Deus nos criou, nos sustenta e nos chama para um eterno relacionamento com Ele.

## *Capítulo 04 – Momento Adimensional*

*"num momento, num abrir e fechar de olhos, ao som da última trombeta. Porquanto a trombeta soará, os mortos ressuscitarão incorruptíveis e nós seremos transformados."* (1 Coríntios 15:52).

A palavra *"momento"* é a única palavra escrita em *Grego* desta maneira no Novo Testamento, e a palavra *"átomos"* é usada apenas neste verso. *"A"* é uma negação e *"Tomos"* significa *divisível.* A palavra momento quer dizer *"indivisível"*. Por esse motivo, tomamos o título deste capítulo, que se relaciona com algo singular que só ocorrerá uma vez: o arrebatamento da Igreja fiel. Estaremos em um local onde não seremos constituídos por átomos, mas seremos indivisíveis de Deus.

*Kairós* é um conceito *Grego* que representa um tempo especial, um tempo divino, onde Deus age de forma sobrenatural na vida das pessoas. Enquanto *Chronos* é o tempo cronológico, que medimos com relógios e calendários. A Obra Redentora de Deus é realizada em *Kairós*, um tempo perfeito e preciso que não se limita ao tempo humano. Deus age na vida das pessoas no momento certo e de forma sobrenatural, cumprindo assim os Seus propósitos. É interessante notar que, ao contrário do tempo *Chronos*, que é linear e irreversível, o tempo *Kairós* é um tempo de oportunidade e de mudança, onde podemos ser transformados pela ação do Espírito Santo.

Uma das grandes questões da vida humana é a sua finitude. O agrupamento de átomos que compõem o homem é impermanente, e isso o torna incapaz de entrar na eternidade em sua forma atual. Como foi relatado em capítulos anteriores, o homem só poderá alcançar a vida eterna por meio de uma transformação, que o tornará apto a habitar a eternidade. Esta transformação é possível através da fé em Deus e da sua obra redentora, que promete a vida eterna aos que creem e seguem seus ensinamentos.

A história da humanidade está repleta de exemplos de homens e mulheres que, por sua fidelidade e compromisso com Deus, se destacaram em meio a uma geração corrompida e pecaminosa. Entre eles, destacam-se personagens como Enoque, que desfrutou de uma relação íntima com o Senhor, sendo arrebatado diretamente ao céu; e Elias, o profeta que confrontou corajosamente os adoradores de Baal e foi levado em uma carruagem de fogo para a presença divina. Esses homens exemplificam como, ao sermos revestidos pelo fogo do Espírito Santo, podemos transcender a dimensão carnal e alcançar uma vida celestial.

*"E sucedeu que, indo eles andando e falando, eis que um carro de fogo, com cavalos de fogo, os separou um do outro; e Elias subiu ao céu num redemoinho."* (2 Reis 2:11).

Cada pessoa tem uma história única com Deus, assim como Enoque e Elias, que foram escolhidos por Deus para um propósito especial. Estamos vivendo em um tempo profético, onde as coisas estão se cumprindo e se aproximando cada vez mais do fim. É importante reconhecer que nossa vida neste mundo é limitada e que, em algum momento, chegaremos ao nosso momento adimensional, ou seja, o momento em que deixaremos este mundo e entraremos na eternidade. Por isso, devemos estar preparados e viver cada dia como se fosse o último, buscando uma vida de santidade e intimidade com Deus.

Neste capítulo, contemplamos um evento transcendental e glorioso que está reservado para a igreja fiel: o arrebatamento. Em um instante, num abrir e fechar de olhos, ao som da última trombeta, seremos transformados. É um momento tão grandioso e único que a própria palavra utilizada em grego, "*momento*", nos revela sua natureza indivisível e extraordinária.

Ao compreendermos o conceito de *Kairós*, somos envolvidos por um senso de maravilha. Deus age em tempos perfeitos e sobrenaturais, rompendo com a linearidade do tempo cronológico. Seu propósito redentor é realizado nesses momentos divinos, onde somos convidados a ser transformados pelo Espírito Santo.

A finitude da existência humana nos confronta com a impermanência dos átomos que nos compõem. Somente através de uma transformação profunda, alcançada pela fé em Deus e Sua obra redentora, poderemos adentrar a eternidade. Nossa jornada é marcada por homens e mulheres que, em meio à corrupção e pecado do mundo, destacaram-se pela fidelidade a Deus. Enoque, arrebatado diretamente ao céu, e Elias, conduzido em uma carruagem de fogo, exemplificam como podemos transcender nossa condição terrena e experimentar a vida celestial.

Cada um de nós possui uma história singular com Deus, assim como Enoque e Elias foram escolhidos para propósitos especiais. Vivemos em tempos proféticos, onde as peças do quebra-cabeça estão se encaixando e nos aproximando do desfecho. Ciente dessa realidade, é crucial reconhecer que nossa estadia neste mundo é passageira e que, em algum momento, nos encontraremos diante do portal da eternidade.

Nesse contexto, somos chamados a viver cada dia com intensidade, como se fosse o último. Devemos buscar uma vida de santidade, consagração e intimidade com Deus. Em nossos corações, deve arder a chama do desejo de estar preparados para o glorioso encontro com o Senhor. É uma jornada que exige entrega total, abraçando a transformação operada pelo Espírito Santo.

Enquanto aguardamos o momento adimensional que nos conduzirá à eternidade, permitamos que nossas vidas sejam

testemunhos vivos do poder e da graça divina. Possamos refletir a glória de Deus aos que nos cercam, espalhando esperança, amor e paz em um mundo sedento por verdade e redenção. Que nossa existência seja um hino de louvor ao Criador, ecoando pelos corações e emocionando a todos que encontrarmos em nossa jornada.

Que a expectativa do arrebatamento nos inspire a vivermos com ousadia, coragem e fervor, almejando uma vida que transcenda o efêmero, abraçando a promessa da eternidade em comunhão com o Pai Celestial. Que a nossa busca pela santidade seja como um farol, atraindo outros para a presença divina e revelando a grandiosidade de sermos chamados filhos e filhas de Deus.

Que esse capítulo, repleto de revelações e reflexões profundas, ecoe em nossos corações, impulsionando-nos a vivermos com uma fé intrépida, uma esperança inabalável e um amor que transborda. Que possamos nos preparar a cada dia, para que, quando o som da última trombeta ecoar, possamos nos encontrar com o nosso amado Senhor e sermos envolvidos pela glória eterna.

## *Capítulo 05 – Criação e Redenção*

A Obra Redentora de Deus é o ápice da Sua revelação ao homem, onde Ele demonstra Seu amor incondicional e Sua vontade de salvar a humanidade. O sacrifício de Jesus na cruz é a prova desse amor, proporcionando a reconciliação do homem com Deus e a garantia da vida eterna. Enquanto a Obra Criadora de Deus limita-se ao mundo material que conhecemos, a Obra Redentora é eterna e ultrapassa os limites do tempo e do espaço, abrangendo toda a existência humana desde a criação até a consumação de todas as coisas.

A Obra Criadora de Deus relatada no livro de Gênesis se origina do verbo *bara* do Hebraico, significando *"aquilo que é criado por um tempo determinado"*. Este Projeto depende de uma Luz material do Hebraico *"Or"*, criada através do Poder da Palavra de Deus. Abro um parêntesis para dizer que *(esta luz não é a luz do Sol, pois, o mesmo foi criado em Gênesis 1:16, também não tipifica o Senhor Jesus, pois, Ele sempre existiu de eternidade a eternidade).*

Vemos que esta obra se inicia em Gênesis sendo temporal, pois, o homem material faz morada nela. A Obra Criadora de Deus possui o substantivo *"Reshite"*, que procede da raiz *"Rosh"* que significa *"começo ou princípio"*.

A Obra Redentora de Deus se estende de eternidade a eternidade, e possui um princípio absoluto e pleno. A Luz deste Projeto maravilhoso é o Próprio Senhor Jesus, expressada no *Grego* como *"Phôs"*. Essa Luz Absoluta traz consigo a redenção. A Palavra de Deus relata que o Senhor Jesus disse:

*"eu sou a Luz do mundo quem me segue terra vida eterna"* (João 8:12).

A Luz que é Jesus, é a única que pode guiar o homem ao caminho da Salvação, pois Ele é o caminho, a verdade e a vida.

Sem a Luz divina, o homem vive em trevas e não pode compreender as coisas celestiais. Mas quando a Luz brilha em seu coração, ele é iluminado e encontra a verdadeira vida em Cristo.

No relato da Obra Criadora, vemos o princípio estabelecido por Deus, a criação temporal, com o homem sendo colocado no centro desse projeto. A Obra Redentora, por sua vez, possui um princípio absoluto e pleno, representado pela Luz que é Jesus. Ele é a Luz do mundo, aquele que guia os que O seguem para a vida eterna.

Sem a Luz divina, vivemos em trevas espirituais, incapazes de compreender as realidades celestiais. No entanto, quando a Luz de Cristo brilha em nossos corações, somos iluminados e encontramos a verdadeira vida em comunhão com Ele. Jesus é o caminho, a verdade e a vida, e somente através d'Ele podemos experimentar a plenitude da redenção.

A Obra Redentora de Deus é eterna e abrange todas as áreas de nossas vidas. Ela nos resgata da escravidão do pecado, traz cura para as nossas feridas, restaura relacionamentos quebrados e nos concede a esperança da vida eterna ao Seu lado. É um presente inigualável, dado por um Deus que nos amou de forma tão profunda que entregou Seu Filho unigênito para morrer em nosso lugar.

Que essa compreensão da Obra Redentora de Deus desperte em nós uma profunda gratidão e um compromisso renovado de vivermos em conformidade com a Sua vontade. Que a Luz de Cristo continue a brilhar em nossos corações, iluminando o nosso caminho e nos conduzindo à vida eterna junto ao nosso amado Salvador. Em meio a todas as adversidades e desafios, podemos encontrar esperança e segurança na certeza de que fomos redimidos pelo amor inigualável de Deus.

## *Capítulo 06 – Transferência Alinhada*

*"Bem-aventurado o homem que não anda segundo o conselho dos ímpios, nem se detém no caminho dos pecadores, nem se assenta na roda dos escarnecedores."* (Salmos 1:1).

Para alcançar a bem-aventurança diante de Deus, devemos negar a nós mesmos e seguir os caminhos do Senhor. Isso requer humildade, disciplina e perseverança, mas nos leva a uma felicidade duradoura e plena, capaz de superar todas as adversidades da vida. Vale a pena investir em nossa transformação pessoal e espiritual para alcançarmos essa felicidade.

O Senhor Jesus dizia que *"Se alguém quiser acompanhar-me, negue-se a si mesmo, tome diariamente a sua cruz e siga-me."* (Lucas 9:23).

É fascinante observar como os processos físico-químicos podem influenciar um objeto como um vaso, dependendo do que ele contém. De maneira semelhante, o crente em Cristo Jesus é como um vaso nas mãos do Oleiro divino, que molda e transforma a nossa condição espiritual. Quando escolhemos não nos contaminar com as tentações e iguarias do mundo, abrindo espaço para a presença de Deus em nossas vidas, o fogo do Espírito Santo é como a água da vida que preenche e transforma o nosso ser, nos tornando cada vez mais semelhantes a Jesus Cristo. É uma jornada desafiadora, que requer constante renovação e purificação, mas que nos leva a uma vida plena e abundante em Deus.

Diversos processos fazem com que um determinado elemento ganhe ou perca calor. A radiação térmica é uma transferência de calor por ondas eletromagnéticas, que funciona como um campo magnético. Quando estamos cheios do Espírito Santo e nos aproximamos de um crente em Jesus que pode estar abatido ou frio espiritualmente, uma palavra de esperança pode mudar sua feição. O mesmo Espírito Santo que nos aquece pode se transferir para aquecer aqueles que necessitam, pois o Senhor Deus nunca desampara aqueles que o temem.

*"Fui moço, e agora sou velho; mas nunca vi desamparado o justo, nem a sua descendência a mendigar o pão."* (Salmos 37:25).

Outra forma de transferência de calor é o processo de condução, que ocorre através do contato entre corpos. Se possuímos uma barra de ferro e a aquecemos em uma de suas extremidades, aos poucos ela se aquecerá por completo. Da mesma forma, através do sacrifício do Senhor Jesus na cruz do calvário, um sangue inocente foi derramado para que todos nós pudéssemos ser salvos. Antes, somente os judeus tinham direito à Salvação, mas após o sacrifício, a Salvação foi estendida a todos os habitantes da Terra. A barra de ferro pode ser comparada ao corpo humano, que recebe calor com o passar do tempo. Quando o corpo de Cristo alcança a comunhão, o Espírito Santo, simbolizado pelo fogo, preenche completamente a vida do homem.

Chegamos ao nosso último processo de transferência de calor, o processo de convecção. Imaginem uma panela com água sendo aquecida: a parte mais próxima das chamas ganhará calor mais facilmente. Esta água próxima ao fogo torna-se menos densa, e quanto mais próximos estamos do Espírito Santo, mais espirituais nos tornamos. Assim como a água que sai do estado líquido para o gasoso, nós saímos de um estado puramente carnal e alcançamos um estado pleno de comunhão com Deus. A parte mais fria da água sempre fica em cima, assim como em nossas mentes sempre há algo que tenta nos levar à frieza espiritual. Quando a água que está embaixo aquece, troca de posição com a água fria. Da mesma forma, na vida do crente em Jesus, não há espaço para pensamentos carnais, pois o Espírito Santo preenche todo o espaço, libertando-nos completamente.

*"Conheço as tuas obras, que nem és frio nem quente; quem dera foras frio ou quente! Assim, porque és morno, e não és frio nem quente, vomitar-te-ei da minha boca."* (Apocalipse 3:15 e 16).

Este texto é um chamado à intimidade com Deus. Ele nos convida a deixar que o fogo do Espírito Santo nos aqueça por completo, para que não sejamos como água morna ou fria, mas sim fervorosos e apaixonados pela vida em Cristo. É um convite a abandonar todo pensamento e ação que possa nos levar à frieza espiritual e nos afastar da comunhão com Deus. Que possamos nos entregar completamente a Ele, permitindo que o Espírito Santo nos conduza a um relacionamento cada vez mais profundo e verdadeiro.

A Palavra nos ensina que o profeta Jeremias desceu à casa do Oleiro *"E desci à casa do oleiro, e eis que ele estava fazendo a sua obra sobre as rodas,"* (Jeremias 18:3). O processo de moldagem do barro em um vaso requer diversas ferramentas, mas a roda é fundamental para que o barro seja trabalhado corretamente. Para que o barro possa ser moldado, ele precisa estar no centro da roda, e o centro do projeto de salvação para a vida do homem é Jesus. Por isso, o Oleiro nos coloca no centro da roda, para que sejamos moldados de acordo com o Seu projeto. Eu costumo dizer que *"um vaso à beira da roda está à beira do projeto"* e pode cair e quebrar a qualquer momento. A força centrífuga puxa o vaso para fora, e quanto mais distante do centro de massa da roda, maior é a tendência de sair pela tangente. Mas quando o vaso está no centro da roda, seu centro de massa está alinhado com o centro de massa da roda, e ele não cai, pois está firmado em sua inércia e em seu centro de gravidade. Da mesma forma, aquele que se alinha com o projeto de Deus (Jesus), permite ser moldado por Ele e aquecido pelo Espírito Santo.

O processo de criação de um vaso consiste em sete etapas cuidadosas, como vimos anteriormente. O número sete é simbólico e representa o Projeto Perfeito de Deus. Primeiramente, o Oleiro escolhe o barro e, em seguida, peneira o material para retirar todas as impurezas. O terceiro passo é umedecer o barro, o quarto é deixá-lo descansar, o quinto é moldá-lo na roda para se tornar um vaso, o sexto é deixá-lo secar e, por fim, o sétimo passo é levá-lo ao forno.

Quando um vaso quebra, o Oleiro utiliza do mesmo barro, a mesma matéria-prima, para restaurá-lo. Como seres humanos, somos falhos e pecamos, mas o Oleiro sempre está pronto e disposto a nos restaurar. Todos os dias pecamos, quebramos, mas somos restaurados por causa do amor e da misericórdia de Deus. Quando passamos pelo "forno", estamos prontos para sermos usados novamente.

Somos levados a refletir sobre a busca pela bem-aventurança e plenitude em Deus. É uma jornada repleta de desafios, mas que nos leva a uma transformação profunda e duradoura. A chave para alcançar essa transformação está em negar a nós mesmos, seguir os caminhos do Senhor e permitir que o Espírito Santo trabalhe em nossas vidas.

Ao nos afastarmos das influências negativas do mundo e abrirmos espaço para a presença divina, somos preenchidos com o fogo do Espírito Santo. Esse fogo nos aquece, purifica e nos torna cada vez mais semelhantes a Jesus Cristo. É um processo desafiador, mas que nos conduz a uma vida plena e abundante em Deus.

Assim como o Oleiro restaura um vaso quebrado, Deus está

sempre pronto para nos perdoar, nos restaurar e nos usar novamente para Sua glória. Ele nunca desampara aqueles que O temem e está sempre disposto a nos renovar, independentemente dos nossos erros e falhas.

A busca pela intimidade com Deus é o cerne desse processo de transformação. Quando nos entregamos completamente ao plano divino, permitindo que Ele nos molde e nos guie, encontramos um propósito maior e uma vida repleta de significado. É uma jornada de constante renovação e comunhão profunda com o Criador.

Que este livro desperte nos leitores a esperança e a emoção de embarcar nessa jornada espiritual. Que eles sejam inspirados a buscar a presença de Deus, a negar a si mesmos e a render-se ao processo de moldagem divina. Pois no final dessa jornada, aguarda uma felicidade duradoura, uma plenitude que supera todas as adversidades e uma proximidade íntima com o nosso Criador.

## *Capítulo 07 – Luz como Projeto*

Noé foi um exemplo de obediência e fé em Deus. Ele foi chamado para construir a arca e salvar sua família e todas as espécies de animais do dilúvio. Assim como Noé, também somos chamados a obedecer a Deus e nos arrepender dos nossos pecados para nos aproximarmos Dele e sermos salvos. A construção da arca foi um ato de fé e obediência de Noé, assim como a nossa salvação também requer a nossa fé e obediência a Deus. Quando Deus fala com Noé para construir *"Tevat Noa" (Arca)*, pois, viriam dias de juízos, ele estava vivendo em uma época de grande corrupção e violência. A humanidade havia se afastado de Deus e escolhido viver segundo seus próprios desejos e vontades, sem se importar com as consequências de seus atos. Em todo aquele contexto Deus tinha um recurso para salvar seus servos, a mensagem entregue a Noé foi *"prepare uma arca para que sejas salvo tu e a tua casa"*.

Depois do dilúvio, Deus revelou um mistério que ainda podemos ver hoje no céu: o Arco-Íris. O homem é como as gotículas de água na atmosfera que formam o arco, mas para que ele se forme, a luz precisa ser incidida em um determinado ângulo. Há todo um contexto para a formação do *arco-íris* e se os fatores não seguirem esse contexto, ele não será formado.

O crente em Jesus tem a posição certa para receber a luz de Jesus e apresentar o projeto de salvação. A luz de Jesus tem a função de iluminar o caminho e dá vida, e quando estamos na posição certa para recebê-la, podemos ser usados por Deus para compartilhar essa luz com os outros.

As estrelas são corpos celestes fascinantes e complexos, que passam por diversos estágios ao longo de sua vida. Quando uma estrela chega ao fim de seu ciclo, o destino final depende de sua estrutura. Algumas estrelas perdem boa parte de seu brilho e se tornam anãs, enquanto outras se expandem e perdem sua forma original, transformando-se em nebulosas.

Da mesma forma, o homem também tem um chamado em sua vida, e diante desse chamado, surgem duas opções, mas apenas uma escolha. Podemos receber o brilho do Espírito Santo em nossas vidas, permitindo que ele nos transforme e nos guie para cumprir nosso propósito, ou podemos escolher perder esse brilho e nos afastar da luz divina. O importante é lembrar que cada escolha que fazemos em nossa vida tem consequências e nos direciona para um caminho específico.

Neste capítulo somos confrontados com a história de Noé como um exemplo de obediência e fé em Deus. Assim como Noé foi chamado a construir a arca para se salvar do dilúvio, também somos chamados a obedecer a Deus e nos arrepender dos nossos pecados para nos aproximarmos Dele e sermos salvos.

A construção da arca por Noé foi um ato de fé e obediência, assim como nossa salvação também requer nossa fé e obediência a Deus. Vivendo em uma época de corrupção e violência, Noé permaneceu fiel e seguiu as instruções divinas para a construção da arca, confiando que Deus cumpriria Suas promessas.

Após o dilúvio, Deus revelou o mistério do arco-íris, uma manifestação divina que ainda podemos testemunhar hoje no céu. O arco-íris representa a aliança de Deus com a humanidade e serve como um lembrete de Sua fidelidade e misericórdia. Assim como as gotículas de água na atmosfera formam o arco-íris quando a luz é incidida em um ângulo específico, nós, como crentes em Jesus, precisamos estar na posição certa para receber a luz de Cristo e compartilhá-la com os outros.

Assim como as estrelas no céu, cada ser humano tem um chamado em sua vida. Diante desse chamado, somos confrontados com escolhas que moldam nosso destino. Podemos receber o brilho do Espírito Santo em nossas vidas, permitindo que Ele nos transforme e nos guie para cumprir nosso propósito, ou podemos escolher nos afastar da luz divina e perdermos nosso brilho.

É importante lembrar que cada escolha que fazemos tem consequências e nos direciona para um caminho específico. Ao escolhermos seguir a Deus com fé e obediência, nos tornamos instrumentos da Sua luz neste mundo, iluminando o caminho daqueles que estão perdidos e compartilhando o projeto de salvação com amor e compaixão.

Que esta mensagem nos inspire a buscar constantemente a posição correta diante de Deus, a fim de recebermos Sua luz e compartilhá-la com aqueles que estão ao nosso redor. Que sejamos corajosos em cumprir nosso chamado e impactar o mundo ao nosso redor com a transformação que o Espírito Santo opera em nós. Que a nossa vida seja um testemunho vivo da fidelidade e do amor de Deus, atraindo outros para a salvação e levando-os a experimentar a maravilha de estar na presença do Criador.

## ***Capítulo 08*** *– A Lua do Cordeiro*

*"Se olhei para o sol, quando resplandecia, ou para a lua, caminhando gloriosa,"* (Jó 31:26).

Nosso objetivo neste capítulo é apresentar a relação profética entre a noiva *(igreja)* e o noivo *(Jesus).*

*"Quem é esta que aparece como a alva do dia, formosa como a lua, brilhante como o sol, terrível como um exército com bandeiras?"* (Cantares 6:10).

*"Mas para vós, os que temeis o meu nome, nascerá o sol da justiça, e cura trará nas suas asas; e saireis e saltareis como bezerros da estrebaria."* (Malaquias 4:2).

A Lua é um astro que não possui brilho próprio, sua luminosidade é proveniente da luz solar. Na Bíblia, a igreja é comparada à Lua, enquanto o Sol tipifica a figura do Senhor Jesus. Assim como a Lua reflete a luz do Sol, a igreja reflete a glória de Cristo e apresenta um caminho seguro aos perdidos. A Lua orbita a Terra, mantida em sua trajetória pela força gravitacional, assim como a Terra orbita o Sol. Da mesma forma, a igreja é sustentada pela graça divina e guiada pela vontade de Deus, cumprindo seu propósito de iluminar o mundo com a luz de Cristo.

*"Se vós fôsseis do mundo, o mundo amaria o que era seu, mas porque não sois do mundo, antes eu vos escolhi do mundo, por isso é que o mundo vos odeia."* (João 15:19).

Estamos no mundo, mas não pertencemos a ele. Por este motivo, a igreja é comparada à Lua, pois ela orbita a Terra, mas não pertence a ela. Tanto a Terra *(mundo)* quanto a Lua *(igreja)* estão sob o domínio do Sol *(Jesus, o Sol da Justiça)*, e tudo orbita ao seu redor, obedecendo a uma ordem determinada pela ação de uma força maior.

O *eclipse total* da Lua ocorre quando a Terra se posiciona entre o Sol e a Lua, criando uma sombra que é projetada sobre a Lua. Durante um eclipse total, a Lua fica completamente coberta pela sombra da Terra, o que a faz parecer avermelhada ou marrom-avermelhada na cor. Esse fenômeno ocorre porque a luz do Sol é filtrada pela atmosfera da Terra antes de atingir a Lua, e a atmosfera dispersa a luz azul, deixando apenas a luz vermelha passar.

O processo do eclipse como um todo pode levar várias horas, começando com a entrada da Lua na penumbra da Terra, seguida pela entrada na umbra e depois a saída da umbra e da penumbra. O tempo que a Lua fica completamente coberta pela sombra da Terra pode durar cerca de uma hora, dependendo da posição relativa da Terra, da Lua e do Sol.

*"Filhinhos, esta é a última hora; e, assim como vocês ouviram que o anticristo está vindo, já agora muitos anticristos têm surgido. Por isso sabemos que esta é a última hora." (1 João 2:18).*

A Lua fica cerca de uma hora na escuridão, está última hora representa os últimos instantes, representando uma igreja que se contaminou, no último instante antes do arrebatamento é ficará em trevas.

O eclipse parcial ocorre quando parte da Lua é encoberta pela sombra, não completando um eclipse total.

*"Eis que até a lua não resplandece, e as estrelas não são puras aos seus olhos."* (Jó 25:5).

O Sol da Justiça permanece em seu lugar, o Senhor nunca retira sua mão sobre nossas vidas. Nós que nos afastamos de sua cobertura, o que faz com que percamos o brilho. Aquilo que separa a igreja fiel da infiel é a Luz (Jesus), por este motivo parte da Lua (igreja) tem Luz e parte está em trevas.

O eclipse penumbral ocorre quando a Lua é encoberta pela sombra da Terra, mas, com uma sombra um pouco mais "fraca".

*"E haverá sinais no sol e na lua e nas estrelas; e na terra angústia das nações, em perplexidade pelo bramido do mar e das ondas."* (lucas 21:25).

Este eclipse está ligado a intervenção do mundo, em arrebanhar pessoas para perderem a Salvação. Momento relacionado as tribulações dos últimos dias, onde a igreja resiste com todas suas forças, até que o noivo venha.

*"Tocai a trombeta na lua nova, no tempo apontado da nossa solenidade."* (Salmos 81:3).

Para o povo de Israel, todo mês havia a celebração da Lua Nova, que era uma ocasião especial de adoração. Nesse dia, eles tocavam trombetas e ofereciam holocaustos e ofertas ao Senhor. Na Bíblia, há a promessa de que haverá um dia em que a nossa celebração não terá fim e a Lua do Cordeiro brilhará eternamente.

Neste capítulo, exploramos a relação profética entre a noiva (igreja) e o noivo (Jesus), destacando a importância da igreja refletir a glória de Cristo, assim como a Lua reflete a luz do Sol. Assim como a Lua orbita a Terra, a igreja é sustentada pela graça divina e guiada pela vontade de Deus, cumprindo seu propósito de iluminar o mundo com a luz de Cristo.

Enquanto a Terra (mundo) e a Lua (igreja) estão sob o domínio do Sol (Jesus, o Sol da Justiça), a igreja é chamada a ser separada do mundo e a brilhar como testemunha da verdade. Assim como durante um eclipse lunar, quando a Lua é coberta pela sombra da Terra, a igreja deve evitar ser influenciada pelas trevas do mundo, permanecendo fiel e resplandecendo a luz de Cristo.

O eclipse parcial simboliza aqueles que, mesmo pertencendo à igreja, têm parte de sua vida em trevas, afastados da luz de Jesus. É essencial lembrar que a separação entre a igreja fiel e a infiel é a presença da Luz, representada por Jesus Cristo.

Já o eclipse penumbral está relacionado à intervenção do mundo, que busca arrebatar as pessoas e levá-las à perdição. Nesse momento de tribulações dos últimos dias, a igreja deve resistir com força e perseverança, aguardando a vinda do noivo.

Assim como o povo de Israel celebrava a Lua Nova como uma ocasião especial de adoração, nós aguardamos o dia em que nossa celebração será eterna e a Lua do Cordeiro brilhará para sempre. Esse é o nosso anseio, quando estaremos reunidos com Jesus, nosso noivo, em perfeita comunhão e adoração.

Que possamos refletir a luz de Cristo como a Lua reflete a do Sol, buscando sempre estar na posição correta para receber a Sua luz e compartilhá-la com o mundo. Que nossa fé permaneça inabalável e nossa esperança na vinda do noivo seja renovada a cada dia.

## *Capítulo 09 – A Igreja e as fases da Lua*

De acordo com a interpretação de alguns teólogos e estudiosos da Bíblia, os sete períodos da Igreja Cristã mencionados se referem às sete igrejas mencionadas no livro de Apocalipse, capítulo 2 e 3. Cada uma dessas igrejas representa um período específico da história da igreja, desde os primeiros dias do cristianismo até o retorno do Senhor Jesus.

Esses sete períodos são geralmente identificados como: Éfeso *(representando o período apostólico)*, Esmirna *(representando a perseguição dos cristãos)*, Pérgamo *(representando a igreja estabelecida pelo imperador Constantino)*, Tiatira *(representando a igreja católica romana)*, Sardes *(representando a Reforma Protestante)*, Filadélfia *(representando o movimento missionário moderno)* e Laodiceia *(representando a igreja apóstata dos últimos dias)*.

Essa interpretação é baseada nas cartas enviadas às sete igrejas pelo apóstolo João, onde Jesus se apresenta como aquele que caminha no meio dos candelabros e avalia a condição espiritual de cada igreja. Cada carta contém elogios, críticas e exortações específicas para a igreja em questão, e algumas dessas exortações podem ser aplicadas a todas as igrejas em todos os períodos da história da igreja.

Em resumo, os sete períodos da igreja mencionados pelos estudiosos são uma interpretação baseada nas sete igrejas mencionadas no livro de Apocalipse, representando diferentes momentos da história da igreja cristã, desde sua fundação até a volta do Senhor Jesus.

*A primeira Igreja Éfeso* - A primeira Igreja mencionada na Bíblia é a Igreja de Éfeso, que foi fundada pelo apóstolo Paulo. Éfeso era uma cidade importante na costa oeste da Ásia Menor e um centro de comércio marítimo e rodoviário. No final do século I d.C., era a quarta maior cidade do Império Romano e um centro administrativo da província da Ásia.

Paulo trabalhou em Éfeso por alguns anos, pregando e ensinando sobre Jesus Cristo. A igreja de Éfeso se destacou por sua fidelidade e diligência no trabalho do Senhor. No entanto, Jesus Cristo advertiu a igreja em Éfeso em Apocalipse 2, porque eles haviam abandonado o primeiro amor. O Senhor exortou-os a se arrependerem e voltarem ao amor e à adoração fervorosa que eles tinham quando foram salvos.

*"Sei as tuas obras, o teu trabalho e a tua perseverança, e que não podes suportar os maus; e que puseste à prova os que se dizem ser apóstolos, e não o são, e os achaste falsos;"* (Apocalipse 2:2)

A primeira igreja, Éfeso, recebe o nome que significa *"desejável"*. Ela representa o período em que a igreja começou a pregar o evangelho com fervor, com martírio e entrega da vida, durante a época dos apóstolos João e Paulo. Foi da cidade de Éfeso que João escreveu o quarto evangelho, e onde Paulo pregou por muitos meses na escola de Tirano, disseminando verdades sobre a religião oficial da cidade. A deusa padroeira da cidade era *Ártemis (Diana)*, e muitos homens construíam objetos para a deusa. Quando Paulo pregava, muitos se convertiam e os construtores de objetos para a deusa se sentiram ameaçados. Eles conclamaram as autoridades a expulsar Paulo da cidade.

Hoje, a religião de Diana não existe mais e não prevaleceu. Somente o nome de Jesus está vivo e reina. Éfeso já estava nos planos do Senhor, por isso é chamada de *"desejável"*. A igreja já era um projeto estabelecido na eternidade por Deus, testemunha que Cristo está vivo e voltará para nos buscar.

Em Éfeso, a igreja teve seu início, como uma Lua Crescente que surge. A igreja veio para ser luz no momento em que Israel estava longe do Senhor. O Senhor, em seu poder, conhece as obras, o trabalho e a perseverança. A igreja sozinha não pode suportar o mal, somente com o Senhor ao lado é possível.

As obras dos Nicolaítas também são conhecidas e Deus não se agrada delas, pois defendiam a prática da poligamia *(ter várias esposas ao mesmo tempo)*. Esses indivíduos se infiltraram na igreja primitiva com o objetivo de contaminá-la com suas heresias. A igreja de Éfeso cresceu, ficou cheia do Espírito Santo e viveu o Pentecostes.

*"Quem tem ouvidos, ouça o que o Espírito diz às igrejas. Ao vencedor darei a comer da árvore da vida, que está no Paraíso de Deus."* (Apocalipse 2:7)

Desde a primeira igreja, podemos ver o propósito do Criador para nossas vidas: vencer e comer da Árvore da Vida, o que significa alcançar a Vida Eterna e a restauração daquilo que foi perdido.

*A Segunda Igreja Esmirna* - Esmirna era uma cidade próspera e disputava com Éfeso e Pérgamo o título de maior cidade da Ásia. Suas ruas e edifícios se estendiam pelo litoral, cercadas pelas montanhas, e suas fontes emanavam águas do aqueduto da cidade. O teatro, localizado em uma das áreas mais altas da cidade, oferecia uma vista panorâmica da parte baixa. Esmirna se orgulhava de ser o berço do poeta Homero e construiu um relicário em sua homenagem. A cidade contava com uma biblioteca, ginásios, termas e um estádio, que contribuíam para a vida cultural do local.

Como Éfeso, Esmirna também foi perseguida e muitos cristãos foram mortos, mas mesmo assim, o brilho da igreja não diminuiu. Ainda iluminava os corações pela Palavra de Deus e muitos foram convertidos ao ver a fidelidade dos cristãos ao Senhor, mesmo na morte. Assim como a Lua Cheia, ainda havia vidas cheias do Espírito Santo em Esmirna.

*A Terceira Igreja Pérgamo* - Pérgamo foi uma das cidades mais importantes da Ásia Menor durante o período do Novo Testamento. Foi a primeira cidade do Império Romano a construir um templo dedicado ao Imperador Domiciano e está localizada em um espaçoso vale a 26 km do mar Egeu, na atual Turquia. Antes de Cristo, Pérgamo foi a capital de um império independente, a Dinastia Atálida, e seus impressionantes templos, biblioteca e recursos médicos a tornaram um renomado centro cultural e político. Durante o período em que o Apocalipse foi escrito, Pérgamo tornou-se parte do Império Romano e, devido à sua localização e importância, os romanos a utilizaram como centro administrativo da província da Ásia.

A cidade de Pérgamo era extremamente rica durante o período do Apocalipse. Uma de suas características marcantes é que o rei Humenes, que a fundou, era descendente de Lisima, um dos generais de Alexandre o Grande. Humenes desejava criar uma grande biblioteca que rivalizasse com a biblioteca de Alexandria. No entanto, como o Egito era o único lugar do mundo antigo que produzia papel a partir do papiro, e ele havia tido uma desavença política com o Egito, não teria acesso à matéria-prima para seus livros. Entretanto, Humenes teve uma ideia: começou a produzir seu papel a partir do couro de animais, que era curtido e emendado. Esse novo tipo de papel ficou conhecido como pergaminho, em homenagem à cidade de Pérgamo.

*"Quem tem ouvidos, ouça o que o Espírito diz às igrejas. Ao vencedor darei do maná escondido e lhe darei também uma pedra branca, e nesta pedra um novo nome escrito, o qual ninguém sabe senão quem o recebe."* (Apocalipse 2:28)

Quando uma criança nascia e o pai a reconhecia como seu filho, ele escrevia o nome do menino e o seu sobrenome em uma pedra branca. Da mesma forma, o Senhor nos reconhece como seus filhos e escreve o novo nome na pedra da salvação.

*A Quarta Igreja Tiatira* - Tiatira era uma cidade localizada na região da Ásia Menor, conhecida por sua importância como centro comercial e por sua produção de tecidos de lã e tingimento de tecidos. A cidade estava localizada em um vale fértil, o que tornava a área ideal para o cultivo de oliveiras e vinhas, além de ser um ponto de passagem para rotas comerciais importantes. A cidade foi destruída por um terremoto durante o reinado de Augusto, por volta do início do primeiro século d.C. A cidade foi reconstruída com ajuda romana e continuou a ser um centro comercial importante ao longo da história.

A região da igreja de Tiatira era notória pela profissão de fundidores, que eram pessoas que trabalhavam com metalurgia, especialmente com o bronze polido. O bronze de Tiatira era um dos mais especiais. O Senhor Jesus menciona a Igreja de Tiatira como Aquele que tem olhos como chama de fogo e pés polidos como bronze. Não por acaso, assim como fazia em suas parábolas, para mostrar a grandiosidade do seu poder de modo que pudéssemos entender.

Tiatira é considerada um momento na história da Igreja em que houve um equilíbrio precário entre o poder, a fama e a autoridade, por um lado, e a espiritualidade, por outro. Embora a Igreja de Tiatira fosse conhecida por suas obras e pelo amor que tinha pelos outros, ela também tolerava a presença de falsos profetas e ensinamentos equivocados em seu meio.

Por isso, o Senhor Jesus repreendeu a Igreja de Tiatira em sua mensagem registrada no livro de Apocalipse, chamando a atenção para as suas falhas e exortando-os a se arrependerem e a se voltarem para Ele. Embora Tiatira tenha sido um exemplo de prosperidade material, ela também serviu como um alerta para a Igreja sobre a importância de manter o foco na verdadeira espiritualidade e não se desviar do caminho de Deus.

A Igreja murcha como uma *Lua Minguante*, com pouco brilho, já não tinha a mesma beleza de antes. Mas, mesmo assim, o Senhor fez uma promessa em Tiatira porque ainda havia um pequeno grupo de pessoas que o adoravam fielmente. Ele prometeu dar-lhes autoridade sobre as nações e a estrela da manhã, simbolizando a recompensa que aguarda aqueles que permanecem fiéis a Ele, apesar das dificuldades e tentações.

*"Assim como também eu recebi de meu Pai, dar-te–ei ainda a estrela da manhã."* (Apocalipse 2:28)

Era uma promessa para aqueles poucos fiéis que ainda resistiam no momento de densas trevas da Idade Média, que o Senhor daria um novo amanhecer, a aurora do dia, e a estrela da manhã voltaria a resplandecer!

*A Quinta Igreja Sardes* - Sardes ou Sárdis foi uma das cidades legendárias da Ásia Menor, atualmente localizada na Turquia. No século VII a.C., Sárdis foi a capital da Lídia. O ouro foi encontrado em um rio próximo a Sárdis, e os reis que governavam lá eram famosos por sua riqueza. No século VI, o Império Sassânida capturou Sárdis e a transformou em um centro administrativo para a parte ocidental de seu império. A famosa "Estrada Real" conectava Sárdis a outras cidades do leste. Durante o Novo Testamento, Sárdis fez parte da província romana da Ásia.

O Tesouro Escondido! A Palavra Revelada, a Luz do Mundo, a Lâmpada para nossos pés é encontrada. O Senhor Deus sustenta uma estrela, um fiel, para iluminar naquele tempo tão difícil e, como prometido, a igreja começa uma nova fase, uma nova crescente.

*A Sexta Igreja Filadélfia* - Filadélfia fica em um vale, aos pés de um platô montanhoso. Os reis de Pérgamo fundaram Filadélfia como um posto avançado do seu reino no século II a.C. A cidade estava localizada ao longo de uma importante estrada que ligava Pérgamo, ao norte, a Laodiceia, ao sul. Nos tempos do Novo

Testamento, Filadélfia fazia parte da província romana da Ásia. A cidade foi devastada por um terremoto em 17 d.C., e, por um tempo, as pessoas viveram com medo de tremores. A cidade foi reconstruída com a ajuda do imperador Tibério.

Esta cidade tem uma relação importante com dois nomes da época grega: Humenes e Atalos, irmãos que fundaram a cidade de Pérgamo. Quando Atalos morreu, Humenes, que tinha grande amor por ele, colocou o nome da cidade de Filadélfia, que significa *"amor fraternal"* em *Grego*.

A igreja cresce e se torna novamente avivada, cheia do Espírito Santo de Deus. Assim como a Lua Cheia no céu, ela é incapaz de ser ignorada. A presença e ação de Deus na vida da igreja neste mundo passam a ser perceptíveis, admiradas e contempladas pela sua essência.

A história da Igreja é como a trajetória da Lua no céu noturno. Às vezes, ela passa por fases de escuridão e obscuridade, mas quando a Luz da Lua finalmente brilha, é impossível não se encantar com sua beleza. Assim como a Lua Cheia que ilumina o caminho dos viajantes, a Igreja brilha com o Espírito Santo de Deus, guiando os fiéis em seu caminho. E mesmo diante de tantas perseguições e adversidades, a Luz da Palavra de Deus permanece pura e inalterada como o sol, trazendo esperança e renovação. É o próprio Deus, o Sol que governa os céus e equilibra a vida de todos nós.

*A Sétima Igreja Laodiceia* - Laodiceia está localizada no principal cruzamento de estradas dos vales da Ásia Menor, na atual Turquia. A cidade foi construída sobre uma montanha que oferecia vista para um vale fértil e majestosas montanhas. Durante o período romano, a cidade se tornou um importante centro de administração e comércio. As questões de justiça da região eram julgadas em Laodiceia e fundos eram depositados nos bancos da cidade para segurança. Embora tenha sofrido danos causados por terremotos durante o reinado de Augusto (27 a.C. - 14 d.C.) e novamente em 60 d.C., a cidade foi reconstruída e continuou prosperando. A água da cidade era trazida por meio de aquedutos das fontes termais ao sul da cidade, mas chegava a Laodiceia morna.

Originalmente, a cidade era chamada de *"Cidade de Zeus" (Diospolis)*. Durante o reinado de Antioco Epifânio, ele planejava destruir a cidade, mas sua esposa, chamada Laodice, gostou da cidade e pediu que ele a homenageasse dando o seu nome para a cidade, mudando assim de *"Diospolis"* para *"Laodiceia"*.

Os habitantes possuíam muito dinheiro, porém eram espiritualmente pobres. A cidade possuía uma escola de oftalmologia, mas era espiritualmente cega. Apesar de produzir lã e tecido, estava espiritualmente nua. Por este motivo, o Senhor aconselha que comprem Dele ouro, colírio e vestes brancas da justiça, e não vestes negras como era moda na época.

A água de Laodiceia vem de fontes termais, mornas e salobras. Laodiceia pode ser traduzida de duas maneiras: o julgamento do povo ou o povo que julga. Esta igreja é representada pela Lua Nova, quando a igreja será arrebatada e viveremos algo novo na eternidade de Deus. Toda mornidão e frieza jamais existirão, seremos eternos e viveremos ao lado de Deus para sempre.

Em suma, a interpretação dos sete períodos da igreja cristã, baseados nas sete igrejas mencionadas no livro de Apocalipse, nos envolve em uma montanha-russa emocional. Ao mergulharmos na jornada histórica e simbólica da igreja, somos confrontados com desafios angustiantes, momentos de triunfo e exortações apaixonadas. Essa interpretação desperta em nós uma mistura intensa de esperança, reverência e determinação. Através desses períodos, somos incentivados a nutrir um fervor constante, alicerçado em fidelidade inabalável e amor profundo por Deus. Mesmo diante das adversidades e influências negativas, somos chamados a manter nossos corações incendiados pela fé, buscando a verdadeira espiritualidade e nos preparando emocionalmente para o retorno glorioso de nosso Senhor.

# *Capítulo 10 – Vinho Imaterial*

*"Disse-lhe Jesus: Mulher, que tenho eu contigo? Ainda não é chegada a minha hora."*
(João 2:4)

Caros amigos, um dia teremos o privilégio de experimentar uma felicidade eterna, mas agora gostaria de discutir sobre o vinho *(Krasí)* das bodas celestiais.

Logo no primeiro versículo do Evangelho de João, somos introduzidos à dimensão profética e eterna que permeia a mensagem de Jesus de Nazaré. Ao mencionar o *"terceiro dia"*, ele já aponta para a sua morte e ressurreição, evidenciando que estamos diante de um *"kairós"*, termo *Grego* que se refere ao tempo espiritual, ao invés do tempo cronológico. Assim, a mensagem de Jesus transcende as limitações temporais e nos conduz a uma realidade que ultrapassa os limites do tempo e do espaço.

Devemos entender que o assunto da bíblia é o Senhor Jesus, Ele estava profetizando sobre si mesmo ao dizer no versículo lido acima *"ainda não é chegada minha hora."*

As seis talhas representam o homem como barro, as metretas eram medidas de nível, mostrando que o homem tem suas limitações. As talhas cheias de água retratam a nossa essência como homens, já que nosso corpo é composto 70% por água, porém, nesse caso, ela está relacionada à essência racional. Quando o Senhor Jesus opera em nós, Ele toma as rédeas de nossas vidas, tirando tudo que carregamos que não O agrada e nos transforma, dando vida em abundância. Passamos a entender o operar do Espírito Santo através da ação do Verbo *(Cristo)*, que revela os mistérios da Palavra.

O povo estava preocupado com um vinho material, mas o Senhor Jesus aponta para um vinho imaterial, algo que seria comprado com preço de cruz. Hoje podemos desfrutar um pouco deste vinho *(nossa salvação)*, sabendo que chegará o dia e a hora em que cearemos com Cristo nas bodas do Cordeiro.

A Bíblia é mais do que apenas um livro material, ela é a Palavra de Deus que se revela através de suas páginas. Embora possamos acessá-la fisicamente, a compreensão e a sabedoria que ela oferece vêm de um contato espiritual com o Autor Eterno. É somente através do nosso relacionamento com Deus que podemos entender e aplicar as verdades intemporais encontradas nas Escrituras para nossas vidas diárias. Como tal, a leitura da Bíblia se torna um ato sagrado que nos leva a um encontro profundo com o próprio Criador, permitindo-nos mergulhar nas profundezas do amor e da sabedoria divina.

*"Ora, aquele que é poderoso para vos confirmar segundo o meu evangelho e a pregação de Jesus Cristo, conforme a revelação do mistério que desde tempos eternos esteve oculto."* (Romanos 16:25)

Um ser humano só consegue se comunicar com Deus se possuir uma parte imaterial. Essa comunicação ocorre através da ação do Verbo, que é revelado pelo Espírito Santo para que possamos alcançar os mistérios da Palavra. Essa parte imaterial nos foi dada no momento da criação, o sopro do fôlego de vida.

Somente por um milagre é possível transformar água em vinho. Na eternidade, o Senhor Jesus é o Verbo, aquele que criou todas as coisas por meio da Palavra. Ele governa todas as coisas e para Ele tudo é possível. O homem tem suas limitações e nunca alcançará nas quatro medidas: largura, altura, profundidade e tempo, por este motivo as talhas têm um limite. Entretanto, haverá um dia em que receberemos corpos transformados. Hoje, o Espírito Santo é derramado sem medida e estar ao lado do Espírito Santo de Deus será uma intimidade grandiosa. A carne que nos impedia de sermos totalmente tomados pelo Pai não existirá mais.

Podemos ser como talhas, limitados em nossa essência humana, mas Jesus tem o poder de transformar nosso interior e nos fazer viver além da matéria, na imaterialidade que é medida por Deus e revelada através da Palavra. O chamado de Deus é para vivermos nessa dimensão espiritual, na comunhão com o Espírito Santo, e experimentar a plenitude da vida que só é possível em Cristo.

*"Porque muitos são chamados, mas poucos escolhidos."* (Mateus 22:14)

A Palavra nos ensina que o Senhor Jesus chega e o vinho acaba, mostrando que a alegria que muitos experimentam é momentânea e efêmera, pois não possuem o melhor vinho que só Ele pode oferecer.

*"E disse-lhes: Tirai agora, e levai ao mestre sala. E levaram."* (João 2:8)

O mestre-sala ficou surpreso ao experimentar o vinho que Jesus havia transformado, pois nunca antes havia provado um vinho com tamanha excelência, assim como a Palavra de Deus que tem poder.

Na expressão *"talha de pedra"*, percebemos que, quando não reconhecemos o plano de Salvação, nosso coração se torna duro e insensível como a pedra. No entanto, quando o Senhor nos escolhe e aceitamos essa escolha *(assim como a água é transformada em vinho)*, a Palavra preenche nosso coração com a alegria da Salvação.

*"E dar-vos-ei um coração novo, e porei dentro de vós um espírito novo; e tirarei da vossa carne o coração de pedra, e vos darei um coração de carne."* (Ezequiel 36:26)

As talhas de pedra tinham como função purificar os judeus, mas quando Jesus chegou, Ele veio para libertar o homem do pecado. Antes, era necessário o sacrifício de um animal material, como o cordeiro, mas Jesus se fez carne para que pudéssemos depender somente Dele. O sangue do cordeiro era retirado após o sacrifício, mas o Sangue de Jesus permanece para sempre, nos purificando de forma instantânea em uma velocidade incomensurável, permitindo-nos alcançar o projeto divino. O material se torna submisso ao imaterial, e é o sacrifício de Jesus que nos faz alcançar a salvação.

*"Contudo, um dos soldados lhe furou o lado com uma lança, e logo saiu sangue e água."* (João 19:34)

As talhas que antes continham apenas água agora estavam sob a ação da Palavra, que removeu qualquer limitação para a operação. Graças ao sacrifício de Jesus, somos purificados de todo pecado e podemos ter pleno acesso à presença de Deus.

Antes de qualquer coisa, Ele era o Verbo eterno. Na eternidade, Ele é o *Logos* de Deus, a Palavra. No mundo, Ele veio como *Yeshua*, com um tempo contado para a morte na cruz. Ressuscitou e voltará. Saiu do *Kairós* para o *Chronos* para nos remir, porque Nele estava a Vida e a Vida era a Luz dos homens, como escrito pelo apóstolo João.

Ao mergulharmos neste capítulo, somos conduzidos a um entendimento mais profundo da mensagem de Jesus. A mensagem aqui é devemos nos voltar para o espiritual e buscar a comunhão com o Espírito Santo, pois somente nessa dimensão espiritual encontramos a verdadeira plenitude da vida em Cristo. Ao aceitarmos a escolha de Deus e permitirmos que a Palavra preencha nossos corações, experimentamos a alegria da Salvação. Assim como o vinho oferecido por Jesus, a Palavra de Deus tem poder incomparável e traz a excelência àqueles que a experimentam. O sacrifício de Jesus removeu as limitações materiais e nos purificou de todo pecado, permitindo-nos ter acesso pleno à presença divina. Ele é o Verbo eterno, o Logos de Deus, que veio ao mundo para nos redimir e nos conduzir à vida eterna.

## *Capítulo 11 – Criador Eterno*

*"No princípio, era o Verbo, e o Verbo estava com Deus, e o Verbo era Deus. Ele estava no princípio com Deus. Todas as coisas foram feitas por Ele, e sem Ele nada do que foi feito se fez"* (João 1.1-3).

Vemos que todas as coisas foram criadas pelo nosso Senhor Deus: a estrutura de todo o Universo, as Galáxias com suas estrelas, planetas, asteroides, cometas, nuvens de gases. Todos esses corpos são compostos por séries de átomos interligados entre si. O Universo é a somatória final de todas as menores partículas que existem, a soma de todas as estruturas criadas por Deus, pois no princípio era o Verbo, antes de tudo ser criado, Ele já existia e tem o poder para criar todas as coisas. Sua glória é grandiosa.

*"Ergam os olhos e olhem para as alturas. Quem criou tudo isso? Aquele que põe em marcha cada estrela do seu exército celestial, a chama pelo nome. Tão grande é o seu poder e tão imensa a sua força, que nenhuma delas deixa de comparecer!" (Isaías 40:26)*

O Senhor Deus governa todo o Universo, nomeou todas as coisas e tem um poder supremo, força inigualável a nenhuma outra. A todo instante, Ele governa com poder supremo através de Sua onipotência, onisciência e onipresença. Além disso, Ele possui um exército celestial de anjos prontos para proteger Seus servos.

*"Mas, amados, não ignoreis uma coisa, que um dia para o Senhor é como mil anos, e mil anos como um dia"* (2 Pedro 3:8)

Nosso Criador não é regido pelos tempos medidos em relógios cronológicos como nós. Ele não precisa de ciclos solares e é totalmente independente do espaço-tempo. O tempo de Deus é diferente, pois Ele habita na eternidade, onde seu tempo é eterno. Já o tempo do homem teve início em

Gênesis e terá fim em Apocalipse, pois o projeto de criação tem um começo e um fim. Estamos vivendo na última igreja e sairemos deste projeto para entrar em um Projeto Eterno.

A leitura da Palavra é como uma porta que se abre para o conhecimento dos mistérios divinos, nos permitindo compreender o plano perfeito de Deus para nossas vidas. É como uma conversa íntima com o Criador, na qual Ele nos revela seus segredos e nos ensina a viver segundo sua vontade. As palavras de Deus não são apenas letras escritas em um livro antigo, mas possuem um poder atemporal e sobrenatural capaz de transformar vidas e até mesmo governar o universo. Quando nos conectamos com a Palavra, experimentamos a verdadeira liberdade e descobrimos a alegria e a paz que só podem ser encontradas em Deus.

*"O que envia o seu mandamento à terra; a sua palavra corre velozmente."*

A Palavra do Senhor é instantânea, aquilo que é revelado a nós no Brasil é revelado em todo o mundo. O Senhor Deus habita no meio de uma igreja fiel, revelando o seu querer aos seus servos.

*"O que dá a neve como lã; esparge a geada como cinza;"*

*"O que lança o seu gelo em pedaços; quem pode resistir ao seu frio?"*

*"Manda a sua palavra, e os faz derreter; faz soprar o vento, e correm as águas."* (salmos 147:15-18)

A Palavra de Deus é poderosa e tem autoridade sobre todas as coisas. Quando um servo tem intimidade com o Senhor, ele é capaz de discernir e compreender os mistérios divinos revelados por meio da Palavra. É por meio dessa comunhão que o Senhor revela o seu querer e direciona os seus servos na execução de sua vontade.

A Palavra de Deus é a força criadora que sustenta todo o

universo. Sua voz é poderosa e incomparável, como vemos claramente no ministério do Senhor Jesus. Em Lucas 5:27-28, vemos um exemplo do poder da Sua voz, que chamou Levi, um coletor de impostos, para segui-lo, e imediatamente ele deixou tudo para trás e o seguiu. Quando ouvimos a voz do Senhor em comunhão com Ele, somos transformados e direcionados para a Sua vontade.

*"E, depois disto, saiu, e viu um publicano, chamado Levi, assentado na recebedoria, e disse-lhe: Segue-me."*

*" E ele, deixando tudo, levantou-se e o seguiu."*

A voz de Deus tem o poder de transcender a materialidade e nos levar a uma conexão divina. Quando ouvimos Sua voz, somos envolvidos pela Sua frequência e esquecemos todas as preocupações terrenas, sentindo Sua presença de forma palpável. A voz do Senhor é tão maravilhosa que um dia nos alcançou, transformando nossas vidas para sempre.

No princípio, era o Verbo, e o Verbo estava com Deus, e o Verbo era Deus. Essas palavras do Evangelho de João nos convidam a refletir sobre a grandiosidade e o poder do Senhor Deus, o Criador de todas as coisas. Através de Sua Palavra, o universo foi formado, desde as galáxias até as menores partículas que compõem a matéria. O universo é a manifestação suprema das obras de Deus, e Sua glória pode ser contemplada em cada detalhe.

Ao erguer os olhos para as alturas, somos maravilhados pela magnitude do que foi criado. Quem é capaz de dar nome a cada estrela e movê-las em sua órbita celestial? É o nosso Senhor Deus, cujo poder e força são incomparáveis. Ele governa o universo com sabedoria e mantém tudo em perfeita ordem. Seu exército celestial de anjos está pronto para proteger e servir aos Seus desígnios.

A leitura da Palavra de Deus é um convite para

mergulharmos nos mistérios divinos e entendermos Seu plano perfeito para nossas vidas. Por meio da Palavra, somos guiados em Sua vontade e recebemos revelações sobre Sua natureza e propósito. Essas palavras não são meramente letras em um livro antigo, mas possuem um poder sobrenatural e atemporal capaz de transformar vidas e governar o universo.

Quando nos conectamos com a Palavra, experimentamos uma comunhão íntima com o Criador. É como uma conversa pessoal na qual Ele revela Seus segredos e nos ensina a viver de acordo com Sua vontade. A Palavra de Deus é viva e eficaz, capaz de penetrar em nossos corações e transformar nossas mentes. Ela nos liberta das amarras do pecado e nos conduz à plenitude da vida em Deus.

Além disso, a Palavra de Deus possui autoridade sobre todas as coisas. Assim como Deus criou o universo com Sua Palavra, Sua voz continua a ter poder sobre a criação. O ministério do Senhor Jesus demonstrou claramente o poder de Sua voz. Quando Ele chamou Levi, um coletor de impostos, para segui-Lo, a voz de Jesus teve tal impacto que Levi prontamente deixou tudo para trás e O seguiu. Esse exemplo ilustra a capacidade transformadora da voz de Deus quando a ouvimos com sinceridade e obediência.

A voz de Deus transcende a materialidade e nos conecta com o divino. Quando ouvimos Sua voz em comunhão com Ele, somos envolvidos por Sua frequência e experimentamos Sua presença de maneira tangível. É uma experiência profunda e pessoal, na qual as preocupações terrenas desaparecem diante da glória e do poder do Criador. A voz do Senhor alcançou cada um de nós, trazendo redenção, restauração e uma nova vida em Cristo.

Ao longo das eras, a voz de Deus tem ecoado através da Palavra e do testemunho daqueles que O seguem. Suas palavras têm atravessado continentes e culturas, alcançando pessoas em todos os cantos do mundo. A mensagem de salvação e esperança tem sido proclamada, revelando o amor incondicional de Deus e Sua vontade de nos reconciliar com Ele.

Portanto, à medida que concluímos essa jornada pelo poder da Palavra de Deus, somos desafiados a abrir nossos corações e ouvidos para ouvir Sua voz. Através da Palavra, podemos experimentar a transformação interior, encontrar a verdadeira liberdade e descobrir a alegria e a paz que só podem ser encontradas em Deus. Que sejamos, então, alvos constantes de Sua voz, dispostos a obedecer e seguir Seus caminhos, e assim, viver uma vida plena e abundante em comunhão com o Criador de todas as coisas. Que a Palavra de Deus continue a ecoar em nossos corações, fortalecendo nossa fé e nos guiando em cada passo de nossa jornada espiritual. Amém.

## *Capítulo 12 – Jesus Centro do Projeto*

Sabemos que o profeta Isaías é conhecido como Profeta Messiânico, pois profetizava a respeito do Senhor Jesus. Ao lermos (Isaías 64:8), vemos que ele fala sobre um Oleiro, comparando nossas vidas ao barro e mostrando que, no final, nos tornamos obra de Suas mãos. Este é o limiar do servo do Senhor, onde ele está preparado para ser totalmente moldado por Deus.

O capítulo 15 de I Coríntios é uma das passagens mais fascinantes da Bíblia, pois nos traz ensinamentos importantes acerca da ressurreição e da vida eterna. Nele, o apóstolo Paulo fala sobre a diferença entre os corpos terrestres e celestes, explicando que há diferentes tipos de corpos.

No versículo 39, Paulo afirma que *"toda carne não é uma mesma carne, mas uma é a carne dos homens, outra a carne dos animais, outra a das aves e outra a dos peixes"*. Ou seja, cada ser vivo tem um tipo de carne específico, que o diferencia dos demais.

No versículo 40, Paulo fala sobre a diferença entre os corpos celestes e terrestres: *"Há corpos celestes e corpos terrestres, mas uma é a glória dos celestes e outra a dos terrestres"*. Os corpos celestes têm uma glória diferente da dos corpos terrestres, assim como os seres celestiais têm uma natureza diferente da dos seres terrestres.

E no versículo 42, Paulo resume: *"Assim também é a ressurreição dos mortos. Semeia-se em corrupção, ressuscita em incorrupção"*. Ou seja, assim como há diferenças entre os corpos terrestres e celestes, também há uma diferença entre o corpo que é semeado na morte e o corpo que ressuscita para a vida eterna. O corpo mortal é corruptível, mas o corpo ressurreto será incorruptível.

As etapas para a construção de um vaso são sete. A *primeira etapa* consiste em escolher o barro. Existem mais de duzentos tipos de barro, entretanto, apenas oito servem para fazer um vaso.

O número oito tem um significado simbólico importante na Bíblia, como um recomeço e uma nova etapa na vida. Por exemplo, na arca após o dilúvio, apenas oito pessoas saíram, simbolizando um recomeço e uma nova aliança com o Senhor. Davi era o oitavo filho, e a transfiguração ocorreu no oitavo dia. Deus nos escolheu desde o ventre, por um projeto estabelecido desde a eternidade.

Na *segunda etapa* ocorre o processo de peneirar o barro para retirar as impurezas, como raízes, lixo e pedras, que impedem a formação adequada do vaso.

Um dia chegamos à presença do Senhor como o Profeta Isaías, de lábios impuros, mas reconhecemos que Ele é o Único e Suficiente Salvador que nos purificou. Ele retirou de nossas vidas todas as raízes que tínhamos no mundo, como religião e cultura, para nos fazer vasos úteis em Sua presença. O lixo que atrapalhava foi removido e as pedras que deformavam foram retiradas, passamos a nos firmar na rocha eterna. Assim como o Apóstolo Pedro se reconheceu como fragmento, como *"Petros"*, o Senhor afirmou sobre essa pedra que a edificaria. Podemos ser fragmentos, mas com o Senhor estamos seguros, pois Ele é a Rocha.

A *terceira etapa* consiste em umedecer o barro, onde ele é molhado para absorver a água.

Um dia recebemos uma água totalmente diferente, quando provamos dela, nunca mais tivemos sede. Jesus é a Água da Vida, basta bebermos dela uma vez e nunca mais seremos os mesmos, pois ela nutre nossas almas e nos dá vida eterna. É uma água que sacia a sede mais profunda, e nos enche de paz e alegria, nos fazendo sentir plenamente satisfeitos.

A *quarta etapa* é o período de descanso, quando o barro já foi escolhido, peneirado e umedecido. Agora é hora de absorver nutrientes para ter liga e tornar-se forte o suficiente para ser levado à roda.

Podemos dizer que assim também ocorre em nossas vidas como servos do Senhor. Depois de termos contato com Ele, a cada dia a Palavra Viva nos alimenta e a Água da Vida nos traz refrigério, nos fortificando cada vez mais, até que estejamos encharcados com o Espírito Santo.

A *quinta etapa* é o período da roda, onde o barro está pronto para ser moldado. Já passou pelos processos de preparo. Esta etapa está relacionada ao número cinco, que significa responsabilidade. Na parábola das dez virgens, há dois grupos: cinco néscias e cinco prudentes. As prudentes têm um compromisso e uma responsabilidade com o Espírito Santo. Desta forma, simboliza responsabilidade com o Pai, pois todo projeto foi preparado por Ele. O cinco para nós também representa uma aliança, pois somente aqueles que têm compromisso com o Espírito Santo se tornam prudentes.

Na roda ocorre o processo de moldagem, onde o Oleiro trabalha o barro para que o vaso tenha a forma que Ele deseja. Durante esse processo, o Oleiro retira o excesso de barro para evitar deformações e garantir a qualidade do vaso. Assim como o Oleiro trabalha o barro, o Senhor também molda as nossas vidas, retirando aquilo que não é necessário e nos transformando em vasos úteis em sua presença.

Na roda, o Oleiro molda com uma velocidade imposta por Ele. Como a Palavra diz, *"há tempo para todas as coisas"* e Deus governa todo o tempo. O Oleiro nos molda no tempo correto, etapa por etapa, pois Ele é o Dono do Tempo.

A *sexta etapa* consiste em deixar o vaso secar por um período antes de ser colocado no forno, a fim de evitar que ocorram rachaduras ou estouros durante a queima.

Assim como acontece com a produção do vaso, muitas vezes imaginamos que as bênçãos estão demorando a chegar, mas tudo acontece no tempo determinado pelo Oleiro. Ele nunca nos sobrecarrega além do que podemos suportar.

A *sétima etapa* é o processo de cozimento no forno, onde o vaso está pronto para se tornar útil. O vaso é colocado na presença do fogo, e quanto mais fogo recebe, mais resistente fica.

Existe uma sensação indescritível de gratidão que vem quando experimentamos a presença do Espírito Santo em nossas vidas. Quanto mais nos permitimos ser envolvidos por essa chama divina, mais nossas palavras e ações são guiadas pela mensagem amorosa de Jesus Cristo. Somos transformados em instrumentos nas mãos do Oleiro Eternal, prontos para compartilhar a alegria e a esperança do Evangelho com o mundo. Essa jornada espiritual é um testemunho vivo da força e da beleza que a fé pode trazer à nossa vida diária.

Observamos que a criação de um vaso envolve sete processos, que podem nos lembrar das sete igrejas, sete trombetas e do sétimo dia da criação divina. Assim como o vaso é quebrado e moldado novamente, nós também somos moldados diariamente enquanto vivemos neste mundo. Um dia, receberemos corpos transformados e estaremos à direita do Oleiro, adorando e glorificando-o. Nesse lugar, não haverá dor, trincas ou rachaduras, pois estaremos além das limitações humanas e vivendo em plenitude. Esse é o nosso maior desejo: estar com o Senhor para sempre.

Uma das coisas que fortalece um vaso é a água colocada dentro dele, pois um vaso vazio, mesmo moldado, é mais propenso a quebrar com facilidade quando recebe uma pancada. No entanto, quando um vaso está sendo utilizado, é mais resistente. Da mesma forma, quando permitimos que o Senhor Jesus faça morada em nossos corações diariamente, estamos retendo a Água da Vida, que nos fortalece contra as adversidades e intempéries da vida. Assim, podemos permanecer firmes, independentemente das circunstâncias.

O profeta Jeremias, atento, ouviu a voz do Senhor que lhe disse para descer e ir à casa do Oleiro. Aqui vemos a profecia do descer à casa do Oleiro, como quando Zaqueu estava em uma árvore e o Senhor Jesus lhe disse: *"Zaqueu, desce depressa, porque hoje me convém pousar em sua casa."* Quando o homem desce, o Senhor fala e entra o temor. O Senhor faz morada no coração do homem, assim como a Palavra diz para que Ele cresça e eu diminua. Quanto mais recebemos o Oleiro em nossa vida, mais bênçãos chegam.

A obra maravilhosa começa quando reconhecemos o Senhor como o centro de nossas vidas. Como Jó disse, somos formados do barro e a matéria voltará ao pó da terra. No entanto, o que nos foi dado por Deus permanece, pois o que é do Pai retorna ao Pai. Quando nos entregamos a Ele, a verdadeira obra de transformação começa e somos moldados em vasos de honra, prontos para cumprir a Sua vontade.

Quando o Oleiro trabalha em um vaso, ele destaca muitos aspectos interessantes na formação do mesmo. Há todo um cuidado especial, pois qualquer erro pode fazer com que o trabalho seja perdido.

O Oleiro sempre umedece o barro para melhorar a liga, buscando alcançar o ponto exato de maleabilidade e firmeza para a criação do vaso. Esse processo é fundamental para garantir que o barro seja moldado da maneira correta e para que o vaso se torne forte e resistente.

A roda gira com uma velocidade definida pelo Oleiro, que a controla com precisão, nem muito rápido nem muito devagar, pois Ele governa o tempo de todas as coisas em nossas vidas. Às vezes, pode parecer que algo demora a acontecer, mas isso não é porque ainda não é o momento, e sim porque o tempo certo ainda não chegou. Como seres humanos, precisamos confiar no plano perfeito do Oleiro e ter paciência para esperar.

Imagine que você está planejando uma viagem de ônibus e precisa saber a que velocidade o veículo vai se deslocar para estimar a duração da viagem. Se o ônibus percorre *400km* em *4* horas, podemos calcular sua velocidade média usando a fórmula distância/tempo. Nesse caso, a velocidade média do ônibus é de *100km/h*, o que significa que ele viaja a uma média de *100km/h*. Com essa informação, você pode ter uma ideia mais precisa do tempo necessário para chegar ao seu destino e programar sua viagem com mais eficiência.

Da mesma forma que a viagem de ônibus pode ter um tempo de percurso mais longo ou mais curto dependendo das condições de tráfego, a formação de um vaso também pode levar mais ou menos tempo, dependendo das circunstâncias e do tipo de barro utilizado. Porém, assim como a chegada do ônibus ao seu destino final é certa, a obra que o Oleiro está realizando em nós também terá um fim certo e determinado por Ele.

É interessante notar que, assim como na roda do oleiro, onde o vaso deve ser colocado na posição correta para que seja moldado corretamente, no exemplo da viagem de ônibus, a velocidade média depende da variação do espaço em um determinado tempo. Ou seja, é importante que o ônibus percorra a distância correta em um tempo adequado para que a velocidade média seja a ideal. Assim como na roda do oleiro, onde o barro deve ser moldado na posição correta para que a forma final seja a desejada. Em ambos os casos, é necessário um cuidado especial e um trabalho preciso para alcançar o resultado desejado.

O centro de massa é o ponto onde todo o peso do objeto pode ser considerado concentrado, e é o ponto de equilíbrio de um objeto. É como se fosse o ponto médio de um objeto, levando em conta todas as suas partes. No caso do caderno e da caneta, o centro de massa do conjunto seria o ponto onde o peso total estaria concentrado, e esse ponto seria o ponto de equilíbrio. Assim, se colocássemos esse conjunto sobre um suporte adequado nesse ponto, ele ficaria equilibrado. Da mesma forma, na roda do oleiro, o centro de massa do vaso é um ponto crítico, pois se o vaso estiver desequilibrado, ele pode acabar se deformando durante o processo de moldagem. Por isso, o oleiro deve tomar cuidado ao posicionar o vaso na roda e garantir que o centro de massa esteja bem posicionado para garantir que o vaso seja moldado corretamente.

Uma das características mais marcantes da Palavra de Deus é que ela apresenta um projeto com um único nome: Jesus. Ele é o centro do projeto e quando nossas vidas estão centradas nele, podemos ser moldados, pois nada pode nos afastar da sua presença.

Podemos afirmar que Jesus é o Centro do Projeto por meio das características que a Palavra nos apresenta. Ela afirma que Jesus é Maravilhoso, Conselheiro, Deus forte, Pai da eternidade e Príncipe da Paz. Essas características revelam que Ele é um Ser que salva e somente por meio dele podemos alcançar a Vida Eterna. Jesus é o centro do Projeto porque Ele é o próprio Projeto. Quando nossas vidas estão centradas em Jesus, podemos ser moldados segundo a Sua vontade, pois nada pode nos tirar de Sua presença.

Só há um modo de herdarmos a vida eterna: crendo em Jesus como Único e suficiente Salvador de nossas vidas. No dia em que alcançamos esse mistério, nos tornamos mais que vencedores e estamos firmados em um Projeto Redentor.

A inércia é o que traz a impossibilidade de mudança de movimento. Podemos ilustrar isso com o exemplo de uma moeda em repouso sobre uma folha de papel que está em cima de um copo. Quando a folha é puxada rapidamente, a moeda tende a permanecer em repouso devido à sua inércia, a menos que uma força externa seja aplicada para movê-la.

Há dois tipos de inércia. A primeira é a inércia do homem diante do mundo, onde ele pode não conseguir mais ouvir a voz do Senhor, não tendo forças para obedecer a Palavra e se tornando distante do Criador.

A segunda é a inércia na presença do Senhor, onde não queremos sair de sua presença. Mesmo quando o mundo nos oferece suas ofertas, nós as rejeitamos, pois estamos firmados na fé em nosso Senhor.

Assim como a gravidade atua sobre dois corpos, a presença de Deus também é atraída para aqueles que têm um coração humilde e reconhecem que precisam do cuidado e da intervenção divina em suas vidas. O Oleiro, ao retirar o excesso de barro de nossas vidas, está nos moldando para que possamos ter um coração cada vez mais humilde e dependente de Deus. Quanto mais nos esvaziamos de nós mesmos, mais espaço damos para a presença de Deus em nossas vidas, permitindo que Ele atue de forma mais intensa em nós e nos molde para a Sua vontade.

Assim como a gravidade é afetada pela massa dos corpos celestes, a presença de Deus em nossas vidas é influenciada pelo excesso de *"massa"* que carregamos. Quando nos livramos do excesso de coisas mundanas e nos tornamos mais leves, nossa conexão com Deus se torna mais forte e podemos sentir Sua presença de forma mais intensa. Assim como o tecido do espaço-tempo é deformado pelos corpos celestes massivos, nossa vida também pode ser deformada pelo excesso de preocupações, medos e pecados, nos afastando da presença de Deus.

A gravidade terrestre tem um valor estabelecido sendo de aproximadamente $9{,}8m/s^2$, em pontos mais altos da terra podendo variar. Agora pense em um vaso que não está apoiado sobre o centro de massa da roda *(meio da roda)*, está à beira da roda com uma leve inclinação. Ele pode desequilibrar, e a gravidade, somada com outros fatores, faz com que ele caia.

Assim como o vaso à beira da roda está em constante risco de cair, os crentes que se afastam do centro de Cristo também estão em perigo espiritual. Quando nos afastamos da Palavra de Deus e deixamos de buscar a Sua vontade, abrimos espaço para as tentações e para os enganos do mundo. O Senhor está sempre nos observando e conhece cada detalhe de nossas vidas, por isso não podemos nos deixar levar pelo engano de pensar que podemos esconder nossas fraquezas. É fundamental que estejamos firmados em Cristo, vivendo em comunhão com Ele, para que possamos ter a força necessária para resistir aos ataques do inimigo e permanecer firmes em nossa fé.

Podemos fazer uma conexão com a vida cristã, onde há duas formas de sermos quebrados. A *primeira forma* é quando permitimos que o Oleiro, Deus, nos molde e nos quebre para que possamos ser transformados em vasos novos. A *segunda forma* é quando resistimos ao processo de transformação e nos quebramos por nossa própria resistência. Assim como o vaso nas mãos do Oleiro, precisamos confiar em Deus e permitir que Ele nos molde, mesmo que isso signifique quebrar algumas áreas de nossa vida, para que possamos ser vasos novos em suas mãos.

Muitas vezes, buscamos lutas que acabam por trazer trincas e rachaduras em nossas vidas, e acabamos por nos quebrar, saindo da presença de Deus. Porém, o Senhor, em sua infinita misericórdia, nos resgata para sua presença, não importando se foi Ele que nos quebrou ou se nós mesmos nos quebramos. Ele nos molda novamente, como um oleiro que refaz um vaso, de acordo com a sua vontade. Aprendemos que as coisas velhas já passaram e tudo se fez novo, pois nos tornamos um novo vaso. O que fomos antes já não somos mais.

Assim como a mulher de Ló, quando nos distanciamos do centro do projeto de Deus, estamos correndo um grande risco espiritual. É como se estivéssemos olhando para trás e nos afastando do caminho que Deus tem para nós, o que pode levar a consequências desastrosas, como a morte espiritual. A gravidade, que é a força que mantém os corpos em movimento, pode gerar a quebra quando estamos fora do centro do projeto de Deus. Por isso, é importante que estejamos sempre firmados em Cristo, o centro da nossa vida, para que possamos estar protegidos e seguros em sua presença.

A Palavra relata no livro de Romanos 9:20-21, *"Mas, ó homem, quem és tu, que a Deus replicas? Porventura a coisa formada dirá ao que a formou: Por que me fizeste assim? Ou não tem o oleiro poder sobre o barro, para da mesma massa fazer um vaso para honra e outro para desonra?"*. O Oleiro tem total poder e domínio sobre o barro, e a obra de Deus é inquestionável. Quando questionamos a soberania de Deus, podemos nos tornar como o barro rachado, que se quebra sob a pressão do Oleiro.

O vaso à beira da roda possui três características: em primeiro lugar, não retém o óleo e recebe a profecia do Senhor, mas não consegue guardar. Em segundo lugar, pode cair e a queda é feia, pois se distancia completamente da roda, onde tinha segurança. Em terceiro lugar, se quebra e não há remendo que conserte, somente o Oleiro é capaz de realizar todos os processos novamente.

Bartimeu era um homem cego que vivia à beira do caminho, um lugar onde a roda da vida passava constantemente. No entanto, ele reconheceu a presença do Filho de Deus que estava passando e clamou por Ele. Mesmo diante das críticas e da repreensão dos que estavam ao seu redor, Bartimeu persistiu em clamar e acabou sendo curado por Jesus. Esse episódio nos ensina que devemos reconhecer a presença de Cristo em nossas vidas, mesmo quando estamos à beira da roda, e perseverar na busca da cura e da salvação, sem nos importarmos com as opiniões e julgamentos dos outros.

A história de Bartimeu nos ensina que, assim como ele, podemos estar à beira do caminho, cegos espiritualmente e distantes do Projeto de Deus para nossas vidas. No entanto, quando reconhecemos a Jesus como o Salvador e clamamos por Ele, somos ouvidos e recebemos a salvação pela nossa fé. Essa conexão nos leva a entender que, independentemente das nossas condições físicas ou espirituais, a nossa fé em Cristo é o que nos salva e nos aproxima do centro da vontade de Deus.

A história de Enoque nos ensina a importância de uma vida baseada na fé em Deus. Enoque foi um homem que andou com Deus e teve tamanha comunhão com Ele que foi transladado, deixando para trás um mundo indigno da sua presença. Quando descobrimos o firme fundamento da nossa fé, não há nada que nos prenda a este mundo, pois sabemos que nosso verdadeiro lar está junto ao Pai celestial. Ele nos chama de filhos e nós O chamamos de Pai. Então, que possamos caminhar em fé, assim como Enoque, e desfrutar da doce comunhão com nosso Pai celestial.

Como podemos ter a certeza de que seremos chamados de filhos de Deus? Na igreja de Pérgamo, a Palavra registra no livro de Apocalipse o versículo: *"Quem tem ouvidos, ouça o que o Espírito diz às igrejas. Ao que vencer, darei do Maná escondido e lhe darei também uma pedra branca, e nesta pedra um novo nome escrito, o qual ninguém sabe senão quem o recebe"* (Apocalipse 2:28). Naquela época, quando uma criança nascia e o pai a reconhecia como filho, ele escrevia o nome do menino e o sobrenome em uma pedra branca. O Senhor nos escreveu como seus filhos e nos dará um novo nome. Quando descobrimos essa verdade, somos libertos de tudo o que nos prende neste mundo e podemos nos aproximar de Deus como filhos e chamá-lo de Pai.

Maná é uma palavra hebraica que significa *"o que é isso?"* ou *"o que é isto?"*. Quando o povo de Deus saiu do Egito, diariamente caía maná do céu, proporcionando um alimento diário e renovado para o povo. Com Cristo em nossas vidas, podemos experimentar uma vida renovada a cada dia, com novas experiências e aprendizados em nossa jornada de fé.

Para que todas essas experiências ocorram em nossas vidas, é preciso receber o profeta como tal e em qualidade de profeta, pois, assim receberemos a recompensa. Assim como a Sunamita fez um quarto em sua casa para o Profeta Eliseu, quando o profeta habita em nossas vidas, tudo vai bem.

Sunamita é uma mulher que aparece na Bíblia, descrita como uma mulher rica e generosa que ofereceu abrigo ao profeta Eliseu, construindo um quarto em sua casa para que ele pudesse ficar sempre que quisesse. Eliseu, em agradecimento, pediu que o rei a recompensasse por sua bondade. Além disso, a Sunamita também teve um filho milagrosamente, após o profeta orar por ela e seu marido, que haviam sido gentis com ele.

Podemos ver a formosura de Moisés como um reflexo do Projeto de Deus, estabelecido desde a eternidade, presente tanto no Antigo como no Novo Testamento. Assim como a formosura estava sobre Moisés, ela também está sobre nossas vidas como igreja fiel, e o Espírito Santo, que é o mesmo, nos guia nesse caminho. Deus é imutável e nunca mudará, e podemos confiar em Seu Projeto para nossas vidas.

Elias orou e desceu fogo do céu, evidenciando a presença do Senhor sobre sua vida. Mesmo sendo confrontado pela Rainha Jezabel e ficando abalado, o Senhor nunca desampara seus servos. Ele enviou um anjo para resgatá-lo e lhe deu uma nova força, com as experiências do passado retidas. Assim, Elias se tornou um vaso novo e foi arrebatado pelo Senhor, mostrando que somente através do Espírito Santo podemos alcançar os mistérios contidos na Palavra.

Se permanecermos firmes e constantes na nossa fé, receberemos um galardão extraordinário: a vida eterna. Seremos acolhidos nas mansões celestiais e viveremos para sempre com o nosso Rei, o Senhor. Que possamos perseverar até o fim, confiando em Suas promessas e caminhando em Seus caminhos, para desfrutarmos da glória que Ele tem preparado para nós.

No centro da roda, o Oleiro coloca o vaso com cuidado, procurando encontrar o equilíbrio perfeito. Ele sabe que o centro de massa do vaso é um ponto crítico, pois é a partir desse ponto que toda a forma e estabilidade serão definidas. O vaso precisa estar centrado e balanceado para que possa ser moldado de maneira adequada.

Da mesma forma, em nossas vidas como servos do Senhor, o centro de massa é essencial. Precisamos encontrar o equilíbrio correto em nossa fé, colocando o Senhor no centro de tudo. Quando o Senhor Jesus ocupa o lugar central em nossas vidas, tudo ao nosso redor se alinha e encontra harmonia. Ele se torna o ponto de equilíbrio que nos mantém firmes e estáveis.

O centro de massa em nossas vidas como vasos nas mãos do Oleiro Eternal é a presença constante do Espírito Santo. Ele é quem nos guia, orienta e nos mantém equilibrados. É Ele quem nos molda e nos transforma diariamente, nos capacitando a cumprir a vontade do Pai. Quando permitimos que o Espírito Santo atue em nós, somos fortalecidos e capacitados a enfrentar qualquer desafio.

Assim como o Oleiro posiciona o vaso no centro da roda, precisamos nos posicionar no centro da vontade de Deus. Devemos buscar constantemente a Sua direção e confiar que Ele está nos moldando de acordo com o Seu propósito. Quando estamos no centro da vontade de Deus, experimentamos paz, alegria e plenitude.

No momento em que o Oleiro começa a moldar o vaso na roda, ele aplica pressão e movimentos precisos para dar forma e beleza à argila. O Oleiro conhece cada detalhe do vaso que está criando e sabe exatamente como trabalhar o barro para alcançar o resultado desejado.

Da mesma forma, o Senhor conhece cada aspecto de nossas vidas. Ele conhece nossos pontos fortes, nossas fraquezas e nossos potenciais. Ele sabe exatamente como nos moldar e transformar para que possamos ser vasos de honra em Suas mãos.

Às vezes, o processo de moldagem pode parecer difícil. Podemos passar por pressão, provações e circunstâncias desafiadoras. No entanto, devemos lembrar que o Oleiro é habilidoso e cuidadoso em Sua obra. Ele está trabalhando em nós para nos tornar o melhor que podemos ser.

## *Capítulo 13 – Coração Transplantado*

No Antigo Testamento, o sangue era considerado um elemento muito importante para o perdão dos pecados cometidos pelo povo. Deus exigia que o povo trouxesse sacrifícios de animais inocentes para serem oferecidos como expiação pelos pecados cometidos. Esses animais eram mortos e seu sangue era derramado em ofertas para o Senhor, para que o pecado do povo fosse perdoado.

No entanto, esses sacrifícios de animais não eram suficientes para salvar completamente o povo do pecado e da morte eterna. Eles eram apenas uma sombra do sacrifício perfeito que viria no futuro, por meio de Jesus Cristo. Jesus se tornou o sacrifício perfeito e derramou seu sangue na cruz para pagar o preço dos pecados da humanidade. A partir daí, todos aqueles que creem em Jesus e aceitam seu sacrifício podem receber o perdão e a vida eterna. O sangue de Jesus tornou-se a fonte da salvação e o caminho para a reconciliação com Deus.

O animal que era selecionado na maioria das vezes era o Cordeiro, que era puro, sem manchas e preparado para o sacrifício. Com Cristo não foi diferente, Ele foi levado à cruz sem pecado e sem mancha alguma. Foi necessário que Ele fosse morto e tivesse Seu sangue derramado para que todos que nele creem alcançassem a salvação da condenação eterna e para que o homem pudesse ter a Vida Eterna.

Em Êxodo 12:11, Deus estava estabelecendo a celebração da Páscoa para o povo de Israel. Eles deveriam selecionar um cordeiro sem defeito e prepará-lo para o sacrifício. O sangue do cordeiro deveria ser passado nos umbrais da porta de suas casas como sinal para que o anjo da morte passasse por cima delas e não levasse o primogênito. Essa prática foi instituída como uma forma de lembrar a libertação do povo de Israel da escravidão no Egito, além de apontar para o sacrifício de Jesus Cristo, que se tornou o cordeiro sacrificial definitivo para a salvação de todos aqueles que nele creem. O sangue do cordeiro da Páscoa no Antigo Testamento apontava para o sangue de Jesus derramado na cruz como um sacrifício perfeito e suficiente pelo pecado da humanidade.

O Sangue no Novo Testamento foi derramado na morte de cruz e é o que nos limpa de todo pecado, conforme está escrito em 1 João 1:7. Só podemos ter comunhão com os irmãos se tivermos o Sangue de Jesus em nossas vidas, obtendo assim comunhão com o corpo de Cristo *(a Igreja)*.

De acordo com Efésios 4:4, somos um só corpo e um só espírito, e para que isso seja possível, devemos ter a ação do Espírito Santo circulando em nossas vidas espirituais. Somente com a presença do Espírito Santo em nossas vidas, podemos ter uma comunhão perfeita com os nossos irmãos e com Deus.

*"Eu lhes darei um só coração, e porei dentro deles um novo Espírito; e tirarei da sua carne o coração de pedra, e lhes darei um coração de carne"* (Ezequiel 11:19)

Um coração de pedra é uma metáfora usada para descrever uma pessoa que se tornou insensível, fria e indiferente ao amor de Deus e às necessidades dos outros. É um coração que se endureceu devido à doença do pecado e que não permite que o Espírito Santo o transforme. É triste ver alguém assim, pois essa pessoa não pode experimentar a alegria e a paz que vêm de uma vida em comunhão com Deus e com os outros.

O transplante de coração é um procedimento médico avançado que consiste em substituir o coração doente de uma pessoa por um coração saudável de um doador. É um método terapêutico que pode prolongar a vida de uma pessoa com alguma doença cardíaca em fase terminal. Assim como no transplante de coração, para termos um coração novo em nossas vidas espirituais, precisamos nos arrepender dos nossos pecados e receber Jesus como nosso Senhor e Salvador, permitindo que Ele transforme nosso coração de pedra em um coração novo, sensível ao Espírito Santo e cheio do amor de Deus.

A doação de coração em um transplante é um ato de generosidade e amor ao próximo, pois permite prolongar a vida de uma pessoa em fase terminal. De forma semelhante, quando Deus enviou seu filho unigênito para morrer na cruz, Ele fez uma doação ainda mais preciosa: a doação de sua vida para nos dar a chance de ter Vida Eterna. Esse ato é um testemunho incrível de bondade e misericórdia divina, e nos inspira a sermos generosos e amorosos com aqueles ao nosso redor.

A vida sem Deus pode ser comparada a uma doença terminal, na qual a pessoa tem seu tempo limitado e está fadada à morte eterna. No entanto, Deus, em sua infinita bondade e misericórdia, enviou seu Filho unigênito para morrer na cruz por nós, tornando-se o nosso doador de vida. Através do sangue puro e inocente de Jesus, recebemos a Salvação e a possibilidade de ter uma vida eterna ao seu lado

No estado terminal da condição humana, a morte é inexorável. A existência se encontra manchada pelo pecado, que é uma enfermidade espiritual com consequências letais, como afirmado pela Palavra: "*O salário do pecado é a morte*" (Romanos 6:23). Entretanto, por meio da doação da vida de Jesus Cristo na cruz, recebemos uma cura eterna e uma nova perspectiva para a vida.

Jesus entregou-se plenamente, oferecendo seu coração, sangue e vida como sacrifício redentor (João 3:16). Ao reconhecê-lo como nosso Salvador, deixamos de viver em um estado terminal e passamos a viver em uma vida eterna, que não terá fim.

A doação de um coração é um gesto de amor tão intenso que só pode ser comparado ao sacrifício de Jesus na cruz. Assim como um doador precisa abrir mão de sua própria vida para doar um coração,

Jesus entregou sua vida por completo por amor a nós. Ele não deixou nem um pedaço de si mesmo de fora, mas entregou-se por inteiro, para que pudéssemos ser transformados e renovados. A doação de Jesus foi um ato de amor incondicional que nos mostra o quanto somos preciosos para Ele

Jesus Cristo, o Filho de Deus, é o doador que, por sua imensa bondade e amor, se entregou por nós na cruz, para nos dar um coração novo e uma vida nova por meio dele. Ele nos oferece a oportunidade de sermos transformados e nos tornarmos novas criaturas, livres do pecado e da condenação, e assim, podermos desfrutar da comunhão com Deus e da vida eterna ao seu lado.

Com toda a certeza, Jesus Cristo é o maior doador da história. Ele se entregou na cruz do Calvário, morrendo em nosso lugar e levando sobre si todos os nossos pecados e enfermidades. Isaías profetizou que Ele tomaria sobre si nossas enfermidades e dores, e assim aconteceu. Jesus é a nossa esperança, o único capaz de nos curar e nos dar uma vida plena em abundância. Ele deu sua vida por amor a nós, e isso é um gesto que jamais será esquecido ou igualado por qualquer outro doador.

O transplante de coração é uma técnica que depende da qualidade do órgão doador. É essencial que o coração esteja em boas condições e funcione adequadamente para que o transplante seja bem sucedido. Analogamente, podemos dizer que Jesus é o doador perfeito, com um coração puro e sem pecado, que nos ofereceu a doação mais preciosa e valiosa: a salvação e vida eterna. Assim como um transplante pode trazer uma nova vida ao paciente, Jesus pode trazer uma vida nova e transformada a todos que creem e se entregam a Ele.

*"Aquele que não conheceu pecado, Deus o fez pecado por nós."* (2 Coríntios 5:21)

No texto de Ezequiel 11:19, é dito que antes de conhecermos o Senhor, tínhamos um coração de pedra, endurecido pelo pecado, um coração insensível ao Espírito Santo. Mas o Senhor nos tirou aquele coração impuro e nos deu um coração novo através da conversão. Tudo se fez novo. Hoje, testemunhamos como o Apóstolo Paulo que escreveu *"Já não sou eu quem vive, mas Cristo vive em mim"*, pois, recebemos um coração que veio de Cristo e agimos de acordo com a vontade do Pai, deixando para trás o velho homem.

Nós somos transformados quando o Senhor retira o nosso coração endurecido pelo pecado e o substitui por um coração novo. Isso é a conversão, o maior milagre que o Senhor pode fazer em nós. Como disse o Salmista e Rei Davi: "Cria em mim, ó Deus, um coração puro", pois essa é uma transformação milagrosa que somente Deus pode realizar. Ele não faz remendos, não coloca vinho novo em odres velhos, mas Ele cria um novo odre para que nada seja desperdiçado.

O transplante é considerado a forma mais eficaz de prolongar a vida de um enfermo. A Salvação é a forma eficaz de garantir a nossa vida eterna. Muitos procedimentos podem ser feitos para manter a vida por um instante, mas o enfermo continua em estado terminal. Com o transplante, o enfermo pode ser curado. Da mesma forma, com a Salvação, somos curados do pecado e do mal, e saímos da contagem regressiva para a morte. A nossa expectativa é ter uma vida abundante e prolongada na eternidade com Deus.

Ezequiel diz: *"Eu lhes darei um só coração"*. Quando nos convertemos, somos inseridos no corpo de Cristo e todos no corpo têm o mesmo coração, dado pelo mesmo doador. Participamos da mesma comunhão, porque nosso coração possui a mesma frequência de batimentos. Algumas pessoas sofrem de arritmia cardíaca, o que faz com que o coração bata de maneira irregular. Mas no corpo e na comunhão do Espírito Santo, nosso coração bate em um só ritmo. Passamos a desfrutar da Salvação no corpo, assim como a igreja primitiva. *"Da multidão dos que criam, era um só o coração e uma só a alma"* (Atos 2:32).

O sangue humano faz parte do sistema circulatório, formado pelo coração e pelos vasos sanguíneos. Sua principal função é distribuir nutrientes, oxigênio e hormônios para as células do corpo humano. Isso nos faz lembrar que a Palavra do Senhor é nosso alimento espiritual e que o Espírito Santo é quem revela o oculto e o escondido para a edificação da Igreja. O sangue que foi derramado na Cruz é o sangue que nos dá comunhão uns com os outros, nos purifica e apaga todas as nossas transgressões.

*"Mas, se andarmos na luz, como ele na luz está, temos comunhão uns com os outros, e o sangue de Jesus Cristo, seu Filho, nos purifica de todo o pecado."* (I João 1:7)

Um coração é algo muito raro de se encontrar para transplante. Na maioria dos casos, o médico precisa selecionar *(eleger)* qual paciente ficará com o coração disponível naquele momento. É como na eleição de Deus Pai, que nos escolheu para termos o coração do Seu Filho e sermos parte do projeto de salvação.

No processo de transplante, o primeiro passo é o toque do médico, que é uma ação que pode ser dolorosa e causar ferimentos, mas é necessária para o sucesso da cirurgia e para salvar a vida do paciente. Da mesma forma, quando nos aproximamos de Deus, às vezes pode ser necessário que Ele nos toque, nos confronte e nos desafie, mas isso é para o nosso bem e para nos ajudar a crescer espiritualmente.

O segundo passo é ter sangue para a cirurgia, o que é fundamental para o sucesso do transplante. Da mesma forma, para a nossa salvação, é necessário o sangue de Jesus Cristo, que foi derramado na cruz para nos purificar dos nossos pecados.

O terceiro passo é utilizar uma máquina para manter o sangue circulando no corpo durante a cirurgia. Isso é importante porque o sangue precisa ser constantemente bombeado para manter o paciente vivo. Da mesma forma, quando nos entregamos a Deus e recebemos a salvação, é importante continuar alimentando a nossa fé, estudando a Bíblia, orando e participando de uma comunidade de fé para que possamos crescer espiritualmente e manter a nossa relação com Deus forte e vibrante.

Por fim, após os procedimentos do transplante, o paciente fica com uma cicatriz notável, que é um sinal de que algo foi realizado para a sua cura. Da mesma forma, quando recebemos a salvação, podemos ter cicatrizes emocionais devido às lutas que enfrentamos e às experiências que tivemos antes de nos entregar a Deus. Mas essas cicatrizes são uma prova de que Deus trabalhou em nossas vidas e nos curou de nossas feridas e pecados.

Você já se perguntou como é possível ter um coração novo? Não estamos falando de um transplante físico, mas sim de uma mudança completa em nosso ser. Esse é o maior milagre que o Senhor pode fazer em nossas vidas: a conversão. É como se o médico dos médicos realizasse uma cirurgia espiritual em nosso coração, removendo tudo o que nos faz mal e nos dando um coração totalmente novo, limpo e cheio de vida. E tudo isso começa com um simples toque do Senhor, que nos chama para uma nova vida. Mas essa mudança não é apenas externa, ela vem de dentro para fora, através do Sangue de Jesus que purifica e do Espírito Santo que age em nós, transformando-nos de dentro para fora.

Após experimentarmos essa mudança em nossas vidas, a cicatriz que fica é um lembrete constante da transformação que ocorreu em nosso coração e de como Deus foi fiel em nos salvar. Ela nos faz lembrar de onde viemos e do amor incondicional do Senhor que nos salvou.

A importância do sangue no Antigo Testamento como meio de expiação dos pecados encontra seu cumprimento perfeito no sacrifício de Jesus Cristo no Novo Testamento. Ele se tornou o sacrifício definitivo, oferecendo-se como cordeiro perfeito e derramando seu sangue na cruz para pagar o preço dos pecados da humanidade. O sangue de Jesus tornou-se a fonte da salvação e o caminho para a reconciliação com Deus.

Assim como no transplante de coração, onde um coração doente é substituído por um coração saudável, precisamos nos arrepender dos nossos pecados e receber Jesus como nosso Senhor e Salvador, permitindo que Ele transforme nosso coração de pedra em um coração novo, sensível ao Espírito Santo e cheio do amor de Deus. Esse transplante espiritual nos traz cura e renovação, nos concedendo uma vida eterna em comunhão com Deus.

Em meio à condição terminal do pecado e da morte eterna, Jesus Cristo é o maior doador da história. Ele se entregou por completo na cruz, levando sobre si todos os nossos pecados e enfermidades, oferecendo-nos um coração novo e uma vida plena em abundância. Ao reconhecê-lo como nosso Salvador e receber sua doação de vida, somos transformados e renovados, experimentando o milagre da conversão e desfrutando da comunhão com Deus e dos benefícios da vida eterna.

Assim como um transplante de coração depende da qualidade do órgão doador, Jesus é o doador perfeito, com um coração puro e sem pecado. Ele nos oferece a salvação e a vida eterna, trazendo cura e renovação para aqueles que creem e se entregam a Ele. Receber o coração de Jesus é receber uma nova perspectiva para a vida, saindo da contagem regressiva para a morte e vivendo em uma vida eterna em comunhão com Deus.

Portanto, convido você a aceitar o precioso dom da salvação oferecido por Jesus Cristo. Permita que Ele transforme seu coração, purificando-o pelo seu sangue derramado na cruz. Deixe que Ele seja o doador de vida em sua jornada espiritual, concedendo-lhe uma nova perspectiva, esperança e alegria que só podem ser encontradas em uma vida em comunhão com Deus. Que o sacrifício de Jesus e o poder de seu sangue sejam uma fonte de inspiração para amarmos e doarmos generosamente aos outros, assim como Ele nos amou e doou sua vida por nós.

## *Capítulo 14 – Momento Atual*

A etiologia é o ramo da ciência que estuda a origem e os fatores causais das doenças infecciosas, sendo de extrema importância para a prevenção e controle de epidemias. Identificar os agentes causadores das doenças e entender as condições que favorecem a sua propagação são fundamentais para o desenvolvimento de estratégias eficazes de prevenção e tratamento de doenças infecciosas.

Desde o passado, as grandes epidemias têm assolado as nações, limitando, por vezes, o crescimento demográfico. Isso ocorreu no passado e tem ocorrido nos dias atuais, pois tudo está pautado nas profecias de Deus.

Está escrito que *"Porquanto se levantará nação contra nação, e reino contra reino, e haverá fomes, e pestes, e terremotos em vários lugares"*. (Mateus 24:7)

A Bíblia é um livro repleto de profecias que se cumpriram ao longo da história, e isso é um dos testemunhos mais fortes de que a Palavra de Deus é verdadeira e confiável. A passagem citada em Mateus 24:7 é apenas uma das muitas profecias que têm se cumprido ao longo dos séculos, e nos mostra que devemos estar atentos aos sinais dos tempos e preparados para enfrentar as dificuldades que podem surgir em nossa jornada.

*"E, havendo aberto o quarto selo, ouvi a voz do quarto animal, que dizia: Vem, e vê. E olhei, e eis um cavalo amarelo, e o que estava assentado sobre ele tinha por nome Morte; e o inferno o seguia; e foi-lhes dado poder para matar a quarta parte da terra, com espada, e com fome, e com peste, e com as feras da terra."* (Apocalipse 6:7)

Número de mortes: Segundo relatos, nas pestes que assolaram as sociedades do passado (ex: Peste de Atenas), o número de mortos era tão grande que não havia mais lugares para enterrá-los, muitos ficavam sem sepultura.

*"Serão deixados juntos às aves dos montes e aos animais da terra; e sobre eles veranearão as aves de rapina, e todos os animais da terra invernarão sobre eles."* (Isaías 18:6)

A profecia registrada no livro do Apocalipse, também conhecido como livro das Revelações, apresenta sete selos que representam eventos que foram permitidos a acontecer como sinais para aqueles que estão atentos para a volta de Jesus. Dentre esses selos, o quarto chama atenção por estar relacionado com as pestes. Quando ele é aberto, algo significativo ocorre.

*"E olhei, e eis um cavalo amarelo, e o que estava assentado sobre ele tinha por nome Morte; e o inferno o seguia; e foi-lhes dado poder para matar a quarta parte da terra, com espada, e com fome, e com peste, e com as feras da terra."* (Apocalipse 6:8)

O Cavalo Amarelo (Apocalipse 6: 7-8)

O quarto animal descrito no livro de Daniel é descrito como sendo diferente dos anteriores e possuindo dentes de ferro e unhas de bronze. Sua descrição sugere força e poder. Além disso, é comparado a uma águia em voo, indicando que está sempre em movimento, atento e vigilante. A águia é conhecida por ser um predador poderoso e astuto, capaz de atacar mortalmente. A referência à carniça pode estar relacionada à ideia de que o quarto animal se alimenta do que restou após as batalhas, ou seja, a situação caótica do mundo após a sua passagem.

*"Nos montes de Israel cairás, tu e todas as tuas tropas, e os povos que estão contigo; e às aves de rapina, de toda espécie, e aos animais do campo, te darei por comida."* (Ezequiel 39:4)

O animal que João vê no quarto selo do livro do Apocalipse,

descrito como semelhante a uma águia voando, é uma figura que simboliza a morte e a destruição que virão sobre a humanidade durante o período da Grande Tribulação. Assim como a águia é um predador que vigia e ataca mortalmente suas presas, a morte também estará sempre presente, perseguindo e ceifando vidas. A referência à carniça aponta para a situação caótica e deplorável que o mundo estará durante esse período, com mortes em massa e doenças se espalhando rapidamente. Por isso, o animal chama a atenção de João para que ele possa testemunhar a terrível realidade que está por vir.

O cavalo amarelo é uma figura presente no livro do Apocalipse, e sua cor amarela pode representar diferentes simbolismos de acordo com a interpretação teológica. Em alguns contextos, a cor amarela pode estar associada ao poder ou potencial para realizar algo, enquanto em outros, pode representar a morte e a decadência. No livro do Apocalipse, o cavalo amarelo é descrito como tendo um cavaleiro com uma balança na mão, simbolizando a escassez e a falta de provisão. Isso pode ser interpretado como uma referência à fome e à pobreza que viriam com a guerra e a opressão, indicando a necessidade de buscar a justiça e a equidade em meio às adversidades.

Na passagem do Apocalipse que descreve o cavalo amarelo, a figura da Morte está montada sobre ele, simbolizando seu poder e potencial para ceifar vidas. O cavalo amarelo representa a violência, a guerra e a morte, e a cor amarela sugere um aviso sobre a iminência do perigo. O inferno, por sua vez, é uma consequência inevitável da morte, representando o destino final daqueles que morrem sem a salvação divina. A imagem da Morte e do Inferno juntos sobre o cavalo amarelo é um retrato poderoso e aterrador da realidade da morte e do juízo final.

Na interpretação do livro do Apocalipse, a morte e o inferno são considerados entidades ou seres que têm poder e autoridade para causar a morte e a condenação eterna. Quando o texto diz *"foi-lhes dado"*, significa que esse poder foi concedido a eles, possivelmente por Deus. Essa concepção reflete a crença de que a morte e o inferno são forças que atuam no mundo, muitas vezes em oposição à vontade divina, e que têm a capacidade de destruir a vida e condenar as almas. A ideia de que a morte e o inferno têm poder para matar e condenar é uma das principais temáticas do livro do Apocalipse, que busca representar simbolicamente as forças do mal e a luta entre o bem e o mal no mundo.

Há duas mortes, a primeira é a morte do nosso corpo físico e a segunda é a morte da alma. Nem todos que são mortos serão condenados ao inferno, mas o inferno segue a morte. Por isso, devemos nos preocupar com o nosso destino, se seremos condenados à segunda morte ou não. Graças ao sacrifício de Jesus, a segunda morte não tem poder sobre nós, como está escrito:

*"Onde está, ó morte, o teu aguilhão? Onde está, ó inferno, a tua vitória?"* (I Coríntios 15:55)

Podemos ter a certeza de que podemos vencer a segunda morte, pois Jesus nos ofereceu um caminho para escaparmos dela. Através da sua morte e ressurreição, ele nos deu a oportunidade de ter a vida eterna, e de sermos salvos da morte eterna. Assim, se colocarmos nossa fé em Jesus, e seguirmos seus ensinamentos, podemos ter a esperança de que venceremos a morte, tanto a do corpo quanto a da alma.

A morte mencionada no Apocalipse é simbólica e representa a separação da alma do corpo, que é a consequência final do pecado. Ela fere a humanidade como um todo, pois todos os seres humanos estão sujeitos a ela. Entre as formas como a morte pode ferir, podemos citar algumas metáforas bíblicas que são usadas para descrevê-la.

Por exemplo, a espada simboliza a violência e a guerra, que têm sido responsáveis por inúmeras mortes e destruição ao longo da história. Através da guerra, muitas vidas são ceifadas e famílias são destruídas, trazendo dor e sofrimento para a humanidade. Além disso, a espada também pode ser interpretada como uma metáfora para a violência e conflitos que ocorrem em nossas relações interpessoais, prejudicando nossos relacionamentos e levando a um maior sofrimento emocional.

A fome é uma das formas mais cruéis que a morte pode usar para ferir a humanidade. Segundo pesquisas recentes, a cada quatro segundos uma pessoa morre de fome no mundo. Esse número impressionante não para de crescer, superando inclusive as mortes por conflitos e terrorismo, conforme alertado pelo diretor-geral da FAO, José Graziano. A fome é uma consequência direta da pobreza, da desigualdade e da falta de acesso aos recursos básicos para sobrevivência, como água potável e alimentos. Por isso, é fundamental que sejam adotadas políticas públicas e ações efetivas para combater a fome e suas causas, garantindo que todas as pessoas tenham acesso a uma alimentação adequada e digna.

As pestes são um problema grave para a humanidade, e atualmente enfrentamos várias delas simultaneamente. Novas doenças surgem constantemente, enquanto outras se espalham rapidamente pelo mundo. A pandemia de COVID-19 é um exemplo atual de como uma peste pode afetar drasticamente a vida das pessoas e até mesmo a economia global. Além disso, outras doenças como a malária, a tuberculose e o HIV/AIDS continuam sendo um grande desafio para a saúde pública em muitos países. A peste pode se espalhar rapidamente e causar muitas mortes, especialmente em áreas onde as condições sanitárias são precárias ou em situações de conflito e deslocamento de população.

Há uma correção a ser feita em relação à palavra *"fera"* no original *grego*, que é "θηρίον" *(therion)*, que não tem conotação de diminutivo, mas sim de animal selvagem ou besta. Além disso, nem todas as doenças mencionadas são causadas por microrganismos vistos apenas ao microscópio, como é o caso da dengue, que é transmitida por mosquitos. Seria mais adequado dizer que essas doenças são causadas por agentes biológicos diversos, incluindo vírus, bactérias e outros parasitas.

Este versículo do Deuteronômio 28:58 nos lembra da importância de obedecer aos mandamentos e à Palavra de Deus. As consequências de não seguir a lei de Deus podem ser terríveis, e uma dessas consequências pode ser a morte. Ao longo da história, vemos muitos exemplos de como a desobediência à Palavra de Deus pode levar a situações difíceis e até mesmo à morte, seja por meio de guerras, fome, pestes, entre outros. Portanto, é importante lembrar que, como seres humanos, precisamos estar cientes de nossas ações e escolhas, sempre procurando viver de acordo com os ensinamentos de Deus para evitarmos essas consequências desastrosas.

*"Então o Senhor fará espantosas as tuas pragas, e as pragas de tua descendência, grandes e permanentes pragas, e enfermidades malignas e duradouras;"* (Deuteronômio 28:59)

Podemos observar que todas essas coisas mencionadas são consequências da desobediência à voz de Deus e da falta de respeito aos seus mandamentos. A Bíblia nos ensina que, desde o início, o pecado trouxe a morte e todas as formas de maldição ao mundo, e que essas maldições são uma consequência da desobediência à vontade de Deus.

Deuteronômio 28 é um exemplo claro disso, onde o povo de Israel foi advertido a obedecer a Deus e a guardar seus mandamentos, para que assim fossem abençoados e livres de maldições. No entanto, caso desobedecessem, seriam amaldiçoados com doenças, fome, peste e guerras, dentre outras coisas.

Portanto, podemos concluir que todas essas coisas são geradas pela desobediência à voz de Deus, e que devemos estar atentos para obedecer a seus mandamentos e viver de acordo com a sua vontade, para que possamos evitar as consequências da desobediência e desfrutar das suas bênçãos.

O recurso para o servo está na oração, que é amplamente expressa no livro de Salmos, a coletânea de cânticos e orações de Israel. Sabemos que, durante as caminhadas do povo de Israel, eles cantavam os Salmos, que muitas vezes eram chamados de *"cânticos dos degraus"*. Em todas as suas peregrinações, eles os louvavam.

*"Pois ele me livrará do laço do passarinheiro, E da peste perniciosa."* (Salmos 91:3)

Os livros relatam que possivelmente a primeira peste foi relatada na Bíblia que acometeu os Filisteus, a peste bubônica. Eles tomaram dos Hebreus a arca do Senhor e foram castigados. Vemos que as pestes são resultado da ação humana *(pecado)*, quando o homem se envolve com o que é do Senhor, resultando em juízo e morte. Sempre que o homem não está preparado para lidar com as consequências de seus atos, a punição divina se manifesta.

*"Vede então: Se ela subir pelo caminho do seu termo a Bete-Semes, foi ele quem nos fez este grande mal; e, se não, saberemos que não nos tocou a sua mão, e que isto nos sucedeu por acaso."* (I Samuel 6:9)

O mundo atual em que vivemos tem experimentado um

evangelho distorcido, com muitas pessoas se intitulando como crentes, mas participando de situações que não agradam a Deus.

*"Assim também vós, quando virdes acontecer estas coisas, sabei que o reino de Deus está perto."* (Lucas 21:31)

*"Porque o Senhor dos Exércitos suscitará contra ela um flagelo, como na matança de Midiã junto à rocha de Orebe; e a sua vara estará sobre o mar, e ele a levantará como sucedeu aos egípcios."* (Isaías 10:26)

O único recurso que pode nos livrar da morte é o poder da Palavra, foi esse mesmo poder que livrou os hebreus da morte no Egito. O mundo passa por muitas tribulações e provações, no entanto, isso nos mostra que o grande e glorioso dia está próximo, onde celebraremos nas bodas do Cordeiro.

Ao explorarmos a etiologia das doenças infecciosas, mergulhamos em um mundo complexo e fascinante, em que buscamos compreender as origens e os fatores causais dessas enfermidades. Essa área da ciência é de extrema importância para a prevenção e controle de epidemias, permitindo o desenvolvimento de estratégias eficazes de tratamento e prevenção.

No entanto, à medida que refletimos sobre as pestes e suas consequências devastadoras, somos levados a considerar as profecias registradas em textos sagrados. A Bíblia, repleta de testemunhos de profecias cumpridas ao longo da história, nos alerta sobre sinais e eventos que podem impactar nossas vidas.

O quarto selo do livro do Apocalipse descreve a visão de um cavalo amarelo, montado pela Morte e seguido pelo Inferno. Essa imagem poderosa nos remete às pestes e à morte que podem afligir a humanidade. No entanto, há uma mensagem de esperança, pois a fé em Jesus e a busca pela justiça podem nos libertar do poder da segunda morte.

É fundamental lembrar que as pestes são resultado de diversos fatores, incluindo agentes biológicos variados, condições sanitárias precárias e desobediência a princípios éticos. Devemos reconhecer a importância de cuidar de nossa saúde, seguir as orientações científicas e buscar uma vida em harmonia com os ensinamentos que promovem o bem-estar individual e coletivo.

Nesse contexto, a ciência e a espiritualidade podem caminhar lado a lado, fornecendo conhecimentos complementares para enfrentarmos as doenças infecciosas e outros desafios que surgem em nossa jornada. Portanto, que estejamos atentos aos sinais do nosso tempo, buscando a sabedoria e o discernimento necessários para trilharmos um caminho de saúde, equidade e resiliência.

Que cada descoberta científica seja um convite à reflexão sobre nossa condição humana, despertando em nós a vontade de buscar soluções inovadoras e o desejo de superar os desafios que nos cercam. Pois, ao unirmos esforços, podemos criar um futuro em que as doenças infecciosas sejam apenas uma lembrança distante, e a saúde e o bem-estar sejam alcançados por todos.

## *Capítulo 15 - Avestruz vs Águia*

*"A avestruz bate as asas alegremente. Que se dirá então das asas e da plumagem da cegonha?"* (Jó 39:13)

O livro de Jó é uma verdadeira fonte de sabedoria e nos ensina que nem sempre compreendemos as razões pelas quais passamos por dificuldades. Na história de Jó, vemos um homem íntegro que passa por um grande sofrimento sem entender o porquê. No capítulo 39, o Senhor mostra a Jó sua total incapacidade de compreender as obras criadas e os desígnios do Criador. Mas ao mesmo tempo, é uma lição de humildade e confiança, pois nos mostra que não precisamos saber tudo e que devemos confiar na sabedoria de Deus, que é infinita.

O mesmo Deus que governa os céus e a Terra governa também a vida humana. Há coisas que nunca entenderemos, por isso, nos tornamos sábios quando buscamos as coisas do Senhor. A cada dia que passa, conhecemos melhor nosso Criador e isso nos torna mais sábios.

O texto que lemos retrata uma cena curiosa, a de um avestruz, um animal de grande porte que bate suas asas alegremente, mas incapaz de voar. Isso ocorre porque eles não possuem o músculo responsável pelo batimento das asas e a estrutura chamada de carena, essenciais para o voo. Apesar disso, os avestruzes são capazes de correr em altas velocidades e se adaptaram bem ao seu ambiente natural, sendo considerados uma das aves mais interessantes do mundo animal.

É interessante notar que ao longo da história, a imagem do avestruz tem sido associada à inutilidade ou à covardia, devido à sua incapacidade de voar e à sua tendência a esconder a cabeça na areia em situações de perigo. Na Bíblia, a ema é mencionada como um animal impuro e inadequado para o consumo, o que sugere uma associação simbólica com o que não serve ao propósito de Deus.

Primeiramente, por ser a maior ave do mundo, ela possui uma grande quantidade de carne, que simboliza o pecado. Quanto mais carne, mais peso, e na física, a força peso nos mantém presos em uma superfície. No nosso caso, o peso do pecado nos mantém distantes de Deus, e a Palavra nos ensina que o salário do pecado é a morte. Quanto mais pecamos, mais peso carregamos em nossas vidas, e quanto mais massa, mais atração. Por isso, o Rei da Glória veio ao mundo para nos salvar e carregar sobre si o nosso fardo de pecado e morte.

Segundo, seu habitat natural é o deserto, um lugar de intenso calor. Na Bíblia, muitas vezes o deserto é simbólico de um lugar de provação e desafio espiritual. As pessoas podem buscar a religião no deserto em busca de respostas e orientação, mas se não houver revelação divina para saciar a sede da alma, isso pode levar a uma religiosidade vazia e sem sentido.

Terceiro, a ave em questão, o avestruz, não voa, pois não possui as características físicas necessárias para isso. Assim como o avestruz, muitas vezes tentamos alcançar a presença do Senhor, mas estamos ligados demais a este mundo, o que nos impede de alçar voos mais altos espirituais.

Quarto o avestruz é conhecido por pôr seus ovos na areia, deixando-os expostos às intempéries e aos predadores. Esse comportamento pode ser interpretado como uma metáfora para a vida humana, na qual muitas vezes colocamos nossos projetos e sonhos em situações vulneráveis, que podem acabar por destruí-los.

*"Ela abandona os ovos no chão e deixa que a areia os aqueça," (Jó 39:14)*

Quinto, o avestruz tem o hábito de engolir tudo o que vê, assim como algumas pessoas que se deixam levar por qualquer doutrina ou ensinamento novo sem examinar sua veracidade. É importante termos discernimento e sabedoria para escolhermos o que alimenta a nossa alma e nos aproxima do Senhor.

Sexto, os filhos do avestruz são facilmente influenciáveis pela aparência, seguem qualquer um que pareça atraente sem considerar a verdadeira essência ou caráter da pessoa.

*"Mas de modo nenhum seguirão o estranho, antes fugirão dele, porque não conhecem a voz dos estranhos."* (João 10:5)

Diferentemente do avestruz, a águia possui uma estrutura totalmente oposta. Enquanto o avestruz vive na entropia, a águia possui um rumo, uma direção a seguir.

*"Um penhasco é sua morada, e ali passa a noite; uma escarpa rochosa é a sua fortaleza."* (Jó 39:28)

Primeiro, a águia voa e está distante do solo da Terra, não foi projetada para se arrastar pelo mundo. Seus voos sempre oscilam para alturas maiores, e quanto mais ela bate as asas, mais ela sobe. Da mesma forma, quanto mais oramos, mais perto estamos da volta do Senhor Jesus. O voo da águia é planado, o que permite que ela alcance grandes velocidades antes de bater as asas novamente.

Segundo, a águia voa por cima da tempestade, o vento do mundo, raios e relâmpagos não a atingem, pois ela alcançou uma altitude segura.

Terceiro, a águia sempre voa em linha reta, tendo um único foco, assim como devemos ter Jesus Cristo como nosso único Salvador e foco em nossas vidas. A águia nunca voa em círculos, assim como nós não devemos olhar para trás e sim seguir a Cristo e nada mais.

Quarto, a águia pode alcançar uma velocidade entre *120* e *160 km/h*, tornando difícil para uma presa escapar de seu domínio.

Quinto, os ovos da águia estão seguros, pois seu ninho fica

no alto, distante do mundo e firmado na rocha.

Assim como os pássaros voam em formação de V para conservar energia e proporcionar menor resistência ao vento para o outro, a águia também possui uma habilidade única de planar e voar em alturas elevadas para conservar sua energia e alcançar maior velocidade em seus voos. Além disso, assim como a formação em V dos pássaros, a águia também segue uma direção em linha reta, sem se distrair ou perder o foco em seu objetivo.

*"Ora, vocês são corpo de Cristo, e cada um de vocês, individualmente, é membro desse corpo."* (I Coríntios 12:27)

Assim como os pássaros voam em formação de V para conservar energia e ajudar uns aos outros, o corpo de Cristo também deve buscar a comunhão e a unidade para alcançar a Revelação de Jesus. Quando um irmão se cansa, outro deve assumir o lugar e continuar a jornada, sempre guiados pelo Espírito Santo em uma direção segura. As boas mãos do Senhor guiam o destino do corpo de Cristo rumo à eternidade com Deus.

Em um mundo cheio de mistérios e desafios, somos convidados a refletir sobre a natureza das aves e extrair lições valiosas de suas características. O avestruz, com suas asas alegres, nos ensina sobre as limitações humanas e a importância da confiança na sabedoria divina. Mas é a águia que nos inspira a voar mais alto, a superar as tempestades e a manter um rumo firme em direção ao nosso único Salvador, Jesus Cristo.

Enquanto o avestruz se arrasta pelo chão e busca refúgio na areia, a águia plana nos céus, voando acima das adversidades do mundo. Seus voos são direcionados, sua velocidade é impressionante e seu ninho está seguro nas alturas. Assim como ela, devemos buscar a excelência espiritual, voando em formação, conservando energia e auxiliando uns aos outros no corpo de Cristo.

Que possamos absorver a mensagem dessas aves magníficas e

aplicá-la em nossas vidas diárias. Sejamos como águias, voando rumo à eternidade, mantendo nosso foco em Cristo e superando todas as dificuldades que surgirem em nosso caminho. Que a sabedoria dessas criaturas nos motive a buscar mais conhecimento, a fortalecer nossa fé e a ansiar por uma vida em comunhão com nosso Criador.

Portanto, não nos contentemos em apenas bater as asas alegremente como o avestruz, mas aspiremos a voar como águias, deixando um rastro de fé, esperança e amor por onde passarmos. A jornada apenas começou, e há muito mais a ser descoberto nas asas da sabedoria divina.

## *Capítulo Final*

Para finalizar este momento magnífico e enriquecedor, gostaria de compartilhar um belo versículo bíblico: *"Será estabelecido para sempre como a lua e como uma testemunha fiel no céu. (Selá.)"* (Salmos 89:37). Este versículo nos lembra da fidelidade de Deus, que está sempre presente e constante em nossas vidas, assim como a lua que nos acompanha todas as noites. Que possamos sempre nos lembrar da grandeza e fidelidade do nosso Pai celestial em todas as áreas de nossas vidas.

A igreja fiel de Cristo habitará eternamente nas mansões celestiais e viverá por toda a eternidade. Embora a igreja sofra com tribulações por um momento, em breve seremos testemunhas ao lado de Deus. Os sinais da vinda de Jesus estão se manifestando através dos luminares, como a Lua de sangue e a terça parte do Sol se escurecendo, além das três primeiras trombetas que já tocaram. Em breve estaremos na glória ao lado de nosso Senhor.

Que este livro possa ser uma ferramenta poderosa em suas mãos, guiando-o a um relacionamento mais profundo com Deus e fortalecendo sua fé. Que cada palavra escrita aqui possa ecoar em seu coração e iluminar o caminho para uma vida plena e abundante em Cristo. Que o Espírito Santo continue a conduzi-lo em toda a sua jornada de fé e que você possa experimentar o amor e a graça de Deus de maneira cada vez mais profunda.

Gostaria, primeiramente, de agradecer a Deus pela vida e pela oportunidade de escrever este livro. Sem Ele, nada disso seria possível. Quero agradecer às pessoas que me apoiaram nesta jornada de estudos da Palavra de Deus, em especial ao meu pai, Antônio Vanderlan Pereira Pinto. E também, quero agradecer a você, caro leitor, irmão em Cristo, por ter dedicado seu tempo a aprender mais do Senhor.

Caro leitor, chegamos ao final deste livro. Espero que tenha sido edificado e fortalecido em sua fé durante esta jornada. Que a Palavra de Deus tenha sido semente lançada em seu coração e que frutos abundantes possam surgir a partir dela.

Lembre-se sempre de que o Senhor é o caminho, a verdade e a vida. Busque-O de todo o seu coração e não se desvie do Seu amor e da Sua vontade.

Aquele que examina as escrituras e tira virtude delas são chamados discípulos de Deus. Que possamos ser verdadeiros discípulos de Cristo, seguindo Seus ensinamentos e vivendo segundo a Sua vontade.

Que a graça do Senhor Jesus Cristo, o amor de Deus e a comunhão do Espírito Santo estejam com você e sua família para sempre. Amém.

*Museu Catavento São Paulo, Esfera Armilar*

Solano Pereira Pinto, um talentoso professor e empreendedor nascido em abril de 1998 na bela cidade de Vila Velha, no estado do Espírito Santo, é um exemplo notável de dedicação e conquistas. Sua formação acadêmica é impressionante, com Tecnologia da Informação e graduações em Física e Teologia, além de uma pós-graduação em Perícia Criminal Forense.

Em 2020, o autor deu início à sua carreira literária com o lançamento do livro "Ciência e Fé: Uma Nova Visão do Universo". Nesta obra, ele explora de forma inovadora a intersecção entre a ciência e a fé, apresentando uma perspectiva única sobre o universo e suas complexidades. Com seu estilo cativante e profundo conhecimento, o autor convida os leitores a mergulharem em uma jornada de descobertas e reflexões, desafiando conceitos estabelecidos e oferecendo uma visão ampliada do mundo ao nosso redor.

**com carinho,**

*Solano Pereira Pinto*

# *Referências*

BÍBLIA Português. A Bíblia Sagrada: Antigo e Novo Testamento. Tradução de João Ferreira de Almeida. Edição rev. E atualizada no Brasil. Brasília: Sociedade Bíblia do Brasil,1969.

**BÍBLIA KING JAMES** ATUALIZADA (KJA): Edição Popular. Tradução dos manuscritos nas línguas originais do Tnakh (Bíblia Hebraica), e o B'rit Hadashah (Novum Testamentum Graece), de acordo com o estilo clássico, majestoso e reverente da **Bíblia King James** (Authorized Version), de 1611.

Theories of light from Descartes to Newton(Cambridge University Press, Cambridge, 1981).

V. Ronchi, The Nature of Light: An Historical Survey.Traduzido por V. Barocas (Heinemann, London, 1970).

EXPLANATORY supplement to the astronomical ephemeris and the american ephemeris and nautical almanac. Londres: Her Majesty's Stationery Offica, 1977.

LOSEE J.A historical introduction to the Phylosophy of Science. Oxford: Oxford University Press, 1993.

C.L.N Ruggles. Ancient Astronomy: An Encyclopedia of Cosmologies and Myth (Abc-Clio, Santa Barbara 2005).

S. Hawking, O Universo numa Casca de Noz (ARX,2002)

BIGNOTTO, Newton. Giodano Bruno: Os Infinitos do Mundo. In: Adauto Novaes. (Org.) A Crise da Razão. 1ed. SÃO PAULO: Companhia das Letras, 1996.

Kreith, F. e Bohn, MS. Princípios de Transferência de Calor, 2003, Editora Edgard Blücher, São Paulo.

Moran, Michael J. e Howard N. Shapiro, Fundamentals of Engineering Thermodynamics, 2000, John Wiley & Sons Inc., New York City, USA.

BOHR, Niels. Sobre a constituição de átomos e moléculas. In Textos Fundamentais da Física Moderna: II Volume. Fundação Calouste Gulbenkian. Lisboa. 1963.

QUINTANILLA, Mario. CUÉLLAR, Luigi. CAMACHO, Johana. La história del átomo en los libros de texto didáctica de una propuesta de innovación construida desde una visión naturalizada de la ciencia. Nova Época. V. 1 (2), p. 97 – 107, 2008.

D. Bouwmeester, Jian-Wei Pan, K. Mattle, M. Eibl, H. Weinfurter, and A. Zeilinger.Experimental quantum teleportation.Nature, 390:575, 1997.

PEREIRA, Solano Pereira Pinto; Ensinando os postulados da Teoria da Relatividade Restrita através do Interferômetro de Michelson, 2019.

www.ingramcontent.com/pod-product-compliance
Ingram Content Group UK Ltd.
Pitfield, Milton Keynes, MK11 3LW, UK
UKHW021836270726
14058UKWH00002B/178

9 786526 613788